한 권으로 끝내는
초등학교
입학준비

초등 교사가 알려주는 우리 아이 학교생활의 모든 것

한 권으로 끝내는
초등학교
입학준비

김수현 지음

2025
최신 개정판

청림Life

시간이 지나도 변하지 않는 것들

2013년 12월, 『한 권으로 끝내는 초등학교 입학준비』가 처음 세상의 빛을 본 이래로 만 11년의 시간이 지났습니다. 그 시간 동안 이 책을 사랑해 주신 독자들을 참 많이 만날 수 있었습니다. 다른 어떤 입학준비 책들보다 이 책 한 권만으로도 충분히 기본을 다질 수 있었다는 후기, 무엇을 준비해야 할지 모르고 조바심만 잔뜩 차올랐던 마음을 적당히 갈무리할 수 있었다는 후기, 이 책은 그야말로 입학을 앞둔 아이들이 있다면 꼭 읽어야 할 필독서라는 후기 등 진가를 알아주시는 많은 독자님 덕분에, 또 한 번 새 옷을 갈아입을 수 있었습니다.

책을 출간하고 제일 기뻤던 순간은 교실 현장에서 1학년 어린이가 제 책을 들고 와 "엄마가 이 책이 너무 도움이 됐대요. 사인받고 싶다고 해서 가져왔어요"라고 수줍게 말할 때였답니다. 가까운 곳에 독자가 있고, 독자의 자녀를 한 공간에서 만나 생활할 수 있다는 사실은 제게 충분히 매력적인 기쁨이었습니다. 다시 한번 감사합니다.

이번 개정판을 준비하면서 2013년에 나온 초판본을 여러 번 다시 읽었습니다. 그리고 다시 한번 확신할 수 있게 되었습니다. 제가 11년 전에 중요하다고 생각했던 것들이 지금도 여전히 중요하다는 점을요. 이 책에 그것들을 꾹꾹 눌러 담았습니다. 강조하고 또 강조해도 지나침이 없습니다. 제목대로 '한 권으로 끝내'려다 보니, 제법 책이 두꺼워졌지만 그래도 예비학부모님들의 마음에 부담 없이 가닿을 수 있게 끊임없이 노력했습니다. 그 마음도 함께 닿길 바랍니다.

2024년은 '2022 개정 교육과정'이 초등학교 1, 2학년 어린이들에게 적용되는 첫해였습니다. 새롭게 편찬된 예쁜 표지의 1학년 교과서를 보면서, 알찬 내용과 배려가 돋보이는 활동에 감탄했습니다. 아이들의 웃음소리가 책 밖으로 튀어나와 살아 움직이는 것 같았답니다. 이번 개정판에서는 2022 개정 교육과정의 내용을 새롭게 더 눌러 담았습니다. 입학을 준비하는 모든 부모와 아이들에게 반드시 도움 될 것이라 믿어 의심치 않습니다.

따뜻한 교실, 웃음이 넘치는 교실, 행복한 교실을 꿈꿉니다. 이 책으로 초등학교 입학을 준비한 모든 아이가 즐거운 교실에서 밝은 학교생활을 시작할 수 있기를 진심으로 바랍니다.

마지막으로 언제나 따뜻한 말과 행동으로 저희 식구 모두를 품어주는 남편 한기석 씨, 무엇과도 바꿀 수 없는 첫사랑 첫째 지윤, 우리 집 영원한 미소 천사 둘째 지우, 늘 기도로 응원해 주시는 양가 부모님, 서울 정릉, 삼양, 숭곡초등학교를 비롯해 우리 담임선생님이 늘 최고라며 엄지손가락을 추켜세워 주는 서울 정수초등학교 제자들과 동료 선생님들께 큰 감사의 마음을 전합니다.

여러분 자녀의 건강한 학교생활을 응원합니다!

2024년 9월
초등 교사 김수현

초등 입학 두려워 마세요

저는 퇴근 후, 아파트 단지에 있는 어린이집에 아이를 데리러 갑니다. 길을 나설 때마다 아파트 단지에 삼삼오오 모여 있는 엄마들을 만날 수 있습니다. 학원에서 돌아오는 아이를 기다리거나 학원 차가 멈추는 곳에서 미리 마중 나가 있는 장면은 아파트 단지 내에서는 보기 흔하지요. 저는 아이를 기다리는 동안 그들의 대화를 심심찮게 듣게 됩니다.

"민수 엄마, 이제 그 창의력 미술학원은 그만 다녀. 이제 그런 미술
학원 다닐 시기는 지났다고."
"그래도… 우리 아이가 그걸 너무 좋아해서, 도무지 끊을 수가 없네.

빨리 스킬을 알려주는 미술학원으로 돌려야 하는데."

"그러니까, 이제 그만둬야 한다니까? 이 동네 ○○초등학교는 그림 대회가 6월에 있다네? 그러니까 미리 준비 좀 해야지."

"그래, 설득 좀 해야겠다. 그건 그렇고, 은주 수학은 어느 학원 다녀?"

"아, 우리 은주는 지금 가베 홈스쿨하고 있고, 학습지도 하는데 100 의 자릿수 덧셈 나가고 있어. 민수는?"

"민수도 지금 열심히 따라가야 하는데, 초등학교 준비를 너무 뒤늦 게 시작했나봐. 휴~ 애가 하기 싫다고 난리인데, 스토리텔링 수학 동화 전집이라도 좀 들여야겠어. 우리 애가 책은 좋아하거든."

동네 초등학교의 교내 대회를 꿰고 있을 만큼 엄마들의 정보력 은 대단하더군요. 듣고 있다 보면 감탄이 절로 나옵니다. 초등학교 교사인 제가 모르는 정보들도 많으니 말이죠. 하지만 한편으로는 한숨이 새어나옵니다. 아이들의 일상이 눈에 뻔히 보여서, 가장 중 요한 것을 놓치고 있는 엄마들의 모습이 너무 안타까워서….

교육과정이 개정되면서 엄마들 시대에 배웠던 〈즐거운 생활〉 〈바른 생활〉〈슬기로운 생활〉은 없어지고, 〈봄〉〈여름〉〈가을〉 〈겨울〉〈이웃〉〈나라〉〈가족〉 등의 주제 통합 교과서가 생겨났습 니다. 수학 교과도 개정이 되면서 '스토리텔링'이라는 방식이 도입되어 교과서에 반영되었어요.

각종 교육 전문 출판사와 학습지 등 사교육 시장에서 이 트렌드를 놓칠 리 없었겠지요. 그래서인지 스토리텔링으로 진행되는 수업을 준비하기 위한 각종 교구들과 문제집, 동화책이 우후죽순으로 쏟아져 나오기 시작했습니다. 이것들을 구입하여 수학 과목을 준비하지 않으면, 입학 후 수업을 따라가지 못할 것처럼 다방면으로 광고를 하기도 했지요.

이런 광고에 현혹되지 않을 줏대 있는 엄마들은 몇 되지 않습니다. 대부분 엄마들은 이내 마음이 흔들리게 됩니다. 그나마 흔들리지 않았던 엄마들도 속으로는 조바심을 낼 테고요. 덕분에 아이들은 입학하기도 전에 많은 책을 읽어야 하고, 학원을 다녀야 하며, 학습지를 풀어야 합니다. 엄마의 마음이 근심으로 가득 차는 만큼, 아이의 일상 또한 바빠집니다.

무엇이 중요한 가치인지 제대로 알지 못해 흔들리는 엄마들을 지켜보면서 초등학교에서 직접 아이들을 가르치는 교사로서 안타까운 마음이 컸습니다. 그들이 흔들리지 않도록 제대로 알려주고 싶은 마음이 들었습니다. 아이들에게 진정 필요한 것이 무엇인지, 초등학교 학교생활에서 중요한 것이 무엇인지, 교육과정에서 기대하는 바는 무엇인지 이 책을 통해 알려주고 싶었습니다.

이 책은 취학을 앞둔 자녀를 둔 부모뿐만 아니라 이미 초등학교에 입학을 한 자녀의 부모에게도 큰 도움을 줄 수 있으리라 생각됩니다. 특히 입학 초기, 학교 부적응으로 힘들어하고 있는 자녀의 부모에게도 길잡이가 될 수 있을 것입니다. 부디 이 책이 많은 부모들의 길잡이가 되기를 간절히 소망합니다.

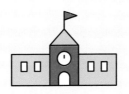

CHAPTER 3
교과 공부 준비는 부모 손에 달렸다

CHAPTER 4
1학년 학교생활, 아는 만큼 보인다

CHAPTER 5

학교에 적응하지 못하는 우리 아이, 이유가 있다

CHAPTER

1

학교는
성실한 학생을
원한다

2월의 졸업 시즌이 지나갑니다. 선생님들도, 아이들도 1년 동안 정들었던 친구들 및 교실과 이별해야만 합니다. 그래서 졸업생들이 떠나고 봄방학을 맞이한 텅 빈 교정은 쓸쓸하고 서운하기만 합니다. 학교의 2월은 마치 한 해가 끝나가는 12월 말 같은 느낌이지요.

　하지만 이런 쓸쓸한 느낌도 잠깐입니다. 초등학교에는 매년 3월, 유치원생의 모습을 미처 벗지 못한 병아리 같은 아이들이 입학하기 때문이지요. 덕분에 교정에도 파릇하고 싱그러운 기운이 감돌기 시작합니다.

　유치원을 졸업한 어린이, 어린이집을 쭉 다녔던 어린이, 놀이학교를 다니다 온 어린이, 영어유치원에 다녔던 어린이, 해외에 머물다 귀국한 어린이, 집에서 홈스쿨링을 하고 온 어린이 등 아이들은 제각기 다양한 7년의 인생을 보내고 교실이라는 하나의 울타리 속으로 들어오게 됩니다. 사회 공동체 구성원으로서 우리 아이들의 첫걸음이 시작되는 실로 감격스러운 순간이지요. 이 감격스러운 순간을 함께하기 위해 온 가족이 입학식에 참여하여 아이의 새로운 출발을 축하해 줍니다.

입학식을 마친 이튿날, 1학년의 각 교실에서는 아이들의 자기소개가 이루어집니다. 자기소개는 나를 알리는 학교에서의 최초 발표입니다. 제일 먼저 자기소개를 하겠다고 손을 번쩍 드는 어린이들도 많습니다.

"안녕하~십니까! 저~는 ○○유치원 햇님반을 다~닌 김민수입니다! 저~는 태권도를 잘~합니다! 그리고 저~는 피아노를 잘~합니다! 끝났습니다!"

까랑까랑한 목소리에 자신감이 듬뿍 담겨 있습니다. 어젯밤 참 많이도 연습한 모양입니다. 20여 명의 아이들은 서로 자기가 잘하는 것을 뽐내며 인사를 합니다. 그런 아이들의 귀여운 모습에 선생님의 얼굴에도 사르르 미소가 번집니다.

이러한 아이들을 대하는 교사의 마음에는 어떠한 편견도 생길 수 없습니다. 이 아이들이 유치원에 다닐 때 어땠는지 아이들에 대한 어떠한 정보도 유치원 선생님으로부터 받지 않았기 때문이지요. 입학 전 예비소집일이나 학교 입학식 날에 행사장을 발칵 뒤집어놓을 만한 난동을 피우지 않고서야 아이를 대하는 교사의 마음에는 편견이 있을 리 없지요. 그래서 어느 학년보다 1학년 때는 교사와 학생이 서로 순수한 관계를 맺습니다. 교사가 가지는 아이들에 대한 기대감이 제일 충만한 학년도 바로 1학년이지요.

귀엽게 자기소개를 하며 입학한 아이들은 모두 초등학교라는 울타리에서 6년의 시간을 보내게 됩니다. 이 중에는 앞으로 친구들의 신임을 두텁게 얻는 아이도 생길 것이며, 안타깝게도 그렇지 않은 아이도 생길 것입니다. 교사의 신뢰를 받아 심부름을 도맡아 하는 아이도 생길 테지만, 그 반대의 경우도 분명 있겠지요. 학교에 가는 것을 즐기는 아이도, 학교에 가는 것이 너무나 고통스러운 아이도 생길 것입니다. 어째서 이러한 차이가 발생할까요?

저는 이러한 차이가 바로 '성실함'에서 비롯된다고 생각합니다. 많은 부모들도 제 말에 고개를 끄덕이며 인정할 것입니다. 그럼에도 불구하고 아이들에게 지식을 넣어주려는 교육은 해도, 성실한 아이로 키우려는 노력은 그다지 하지 않는 것 같습니다. 스토리텔링 수학동화는 읽히려 하지만, 성실한 아이로 키우려고 애쓰지 않지요. 각종 스킬을 알려주는 미술학원에는 보내도, 성실한 아이로 키우기 위한 고민은 하지 않습니다. 아마도 사교육 시장에서 '성실'이라는 아이템은 광고하여 판매하지 않기 때문일지도 모르겠습니다.

단언컨대, 초등 학교생활에 있어서 제일 중요한 키워드는 '똑똑함'이나 '명석한 두뇌'가 아닌, '성실'입니다. 이것을 알고 있는 부모라면, 아이를 더 이상 학원에 맡기지 않습니다. 아니, 학원에 맡기지 못합니다. 학원에서는 화려한 스킬과 각종 기능을 가르쳐 줄 수는 있지만, 성실함을 가르쳐 줄 수는 없기 때문이지요.

성실함은 문제집을 풀거나 학원을 다녀서 얻을 수 있는 기능적이고 방법적인 기술이 아닙니다. 성실함은 어릴 적부터 엄마와 아빠, 함께 사는 가족으로부터 보고 듣고 배워서 천천히 스며들어 체득되는 덕목입니다. 그만큼 쉽게 얻을 수 없고, 귀하지요. 이런 귀한 덕목을 가진 아이가 학교생활에 성공하지 못할 하등의 이유는 전혀 없습니다.

아이가 유치원에 다니는 발달단계까지는 아이에게서 성실한 모습을 찾기가 힘듭니다. 이 시기의 아이들에게 성실함을 요구하는 것 자체가 어쩌면 무리라고 할 수 있지요. 이때의 아이들은 호기심이 많아 머릿속에 온통 물음표로 가득 차 있습니다. 보고 싶은 것도, 하고 싶은 것도, 먹고 싶은 것도 많습니다. 시간 개념도 없기 때문에 그만해야 할 때와 계속해야 할 때를 구분하지 못하는 경우도 많지요. 체력도 아직 완성되지 않아서 보호자의 품속에서 따뜻하고 충분한 보살핌을 받아야 합니다.

하지만 초등학교 입학을 하고 나면 이야기는 달라집니다. 성실함을 갖춘 아이와 그렇지 않은 아이는 서로 다른 모습으로 적응을 하게 됩니다. 아이들은 모두 같은 출발선에서 시작하는 것처럼 보입니다. 하지만 아이 고유의 성실함의 유무로 인해 시간이 지나면서 점점 그 격차가 벌어지고 결국 큰 차이를 보이게 되지요.

그래서 무엇을 배우느냐도 중요하지만 동시에 그것을 '얼마나 끈기 있고 성실하게 견딜 수 있느냐'도 중요합니다. 보통 이것을 아이의 성향과 연관 짓기도 하는데, 딱히 그렇지도 않습니다. 사실 성실도 어느 정도의 연습이 필요하지요. 열심히 하루를 사는 아이와 그렇지 않은 아이가 구별될 수 있는 것이 바로 이런 성실과 끈기입니다.

책을 많이 읽어서 머릿속에 지식이 가득한 백과사전 같은 아이는 모두 성실할까요? 그렇지 않습니다. 배경지식을 많이 갖추고 있다고 해도 성실함의 잣대에서 벗어나지는 못합니다. 성실함이 뒷받침되지 않은 똑똑함은 '빛 좋은 개살구'나 '속 빈 강정'일 뿐입니다. 아이들을 가르치는 교사의 눈에는 이것이 보입니다. 성적은 그 아이가 어떤 아이인지를 알려주는 척도가 될 수 없어요. 이제 엄마들은 어떤 학습지를 할 것인지 고민하지 말고, 어떻게 성실함을 알려줄 수 있을지에 대해서 진지하게 고민해야 합니다.

이제부터 가정에서 보호자가 자녀의 성실성을 세울 수 있는 구체적인 방법을 소개하겠습니다.

규칙적인 생활이 몸에 밴 아이

성실함이라는 덕목은 하루 한나절 아이를 앉혀놓고 가르친다고 아이가 배울 수 있는 게 아닙니다. 머리로는 '성실한 생활을 해야 해'라고 알고 있지만 정작 그렇게 실행하지 못하는 경우가 허다하지요. 성실함은 누가 가르쳐주는 것이 아닙니다. 이것은 어릴 적부터 스스로 보고 배워야만 하는 눈에 보이지 않는 덕목입니다. 그러므로 어린아이를 양육하는 부모는 이를 항상 염두에 두고 있어야 합니다.

성실한 아이는 놀랍게도 성실한 육아에서부터 출발합니다. 갓난아이를 낳아 기를 때, 대부분의 부모들은 하루에 한 번 목욕을 시키고, 시간에 맞춰 젖을 주거나 분유를 먹입니다. 분유를 먹인 후엔 트림을 시키고, 정해진 시간에 낮잠을 재워 아이의 몸과 마음을 편안하게 해주지요. 특별할 것 없는 이 일상은 아기에게 '규칙적인 생활'이라는 패턴을 만들어 줍니다. 이렇게 부모가 규칙적인 방법으로 육아를 하면, 비록 갓난아기라 할지라도 이 규칙적인 리듬에 맞춰 점차 적응을 하게 됩니다. 아이를 낳아서 키워보았다면 규칙적인 리듬에 적응이 된 아이의 육아가 그렇지 않은 아이의 육아보다 훨씬 쉽고 수월하다는 것을 익히 알고 있을 겁니다.

그런데 더욱 놀라운 사실은 이렇게 규칙적인 패턴으로 진행되는 성실한 육아는 아이의 갓난아기 시절뿐 아니라 아이가 자라 말을 배우고 어린이집에 다닐 때까지도 계속해서 영향을 미친다는 점입니다. 규칙적인 패턴에 적응해 성장한 아기들은 3~4세가 되어서도 규칙적인 시간에 일어나 생활을 하고 낮잠을 자며, 정해진 시간에 식사를 하거나 간식을 먹으며, 목욕을 하고 밤잠에 듭니다.

규칙적인 생활이 몸에 밴 아이는 "제발 목욕 좀 하자" "제발 밥 좀 먹자"라는 엄마의 간곡한 청유와 부탁 없이도 스스로 자신의 몸에 배어 있는 규칙을 실행할 수 있습니다. 밥을 먹으라는 잔소리를 하지 않아도 아이는 밥을 먹어야 한다는 것을 자연스럽게 알고, 양치하자고 간곡히 부탁하지 않아도 잠자기 전에 하는 양치는 아이에게 자연스러운 일상이 됩니다. 규칙적으로 아이를 양육할수록 아이의 양육은 그만큼 쉬워집니다. 그리고 이 규칙의 습관화가 내 아이를 성실하게 만드는 것입니다.

아이가 점점 자라면서 지켜야 할 생활 속 규칙도 그에 따라 많아지게 됩니다. 어릴 때부터 사소한 규칙들을 습관으로 만든 아이는 지켜야 할 규칙이 많아지더라도 이를 지킬 수 있는 능력이 있는 반면에, 사소한 규칙 하나조차 습관으로 만들지 못한 아이는 새로운 규칙을 만났을 때 그것을 지킬 만한 능력을 갖출 수 없습니다.

따라서 부모는 아이로 하여금 생활 규칙을 지켜야만 하는 상황을 만들어 주어야 합니다. 규칙을 지킨 긍정적인 경험이 많은 아이와 규칙을 어긴 부정적인 경험이 많은 아이의 차이는 큽니다. 그래서 부모는 '자녀가 규칙을 잘 지킨 경험을 기억할 수 있도록' 도와주어야 합니다. 반대로 아이가 규칙을 어긴 경험을 기억하게 할 필요는 없습니다. 규칙을 어긴 경험을 기억하게 하는 엄마는 이런 식으로 말합니다.

"너 예전에 치카치카 안 하고 그냥 잤었잖아. 오늘도 안 할 거야?"

이러한 말보다는 규칙을 잘 지킨 경험을 기억하도록 다음과 같이 말해주는 편이 훨씬 효과적입니다.

"우리 은주는 어젯밤에 스스로 치카치카하자고 말했었지? 엄마가 정말 기뻤어. 역시 우리 은주는 약속을 잘 지켜. 오늘도 치카치카 먼저 하자고 할 거지?"

규칙이 몸에 익지 않았을 때에는 지키기가 참 힘듭니다. 지키려는 마음가짐과 노력이 곱절로 필요해요. 하지만 어느새 그 규칙이 몸에 배어 있을 경우, 그것은 더이상 규칙이 아니라 생활이 됩니다. 부모는 규칙을 지키는 일이 '생활'이 되도록 혼신의 노력을 기울여야 합니다. 규칙이란 내가 애쓰고 노력해야만 지켜지는 어려운 것이 아니라, 몸에 익어 나도 모르게 생활 속에서 이루어지는 행동이어야 합니다. 이러한 바람직한 규칙적인 행동이 생활 속에서 많이 쌓이면, 아이는 자연스럽게 성실의 덕목을 배우는 것이지요.

그렇다면 생활 속에서 지켜야 할 규칙은 어떤 것들이 있을까요? 다음은 초등학교 1학년이 되기 전에 무조건 습관화되어야 할 규칙들입니다. 항목들을 체크해 보면서 현재 우리 아이의 모습이 어떤지 진단해 봅시다.

💡 **생활 속 규칙 체크리스트** ·······························

✔ 유치원에서 돌아오자마자 손을 씻는가? ☐

✔ 정해진 시간에 아침, 점심, 저녁 식사를 하는가? ☐

✔ 식사 후 양치하는 것이 자연스러운 일과인가? ☐

✔ 하루에 정해진 시간만큼 텔레비전을 시청하는가? 이것을 지키 ☐
   는 것이 자연스러운 일과인가?

✔ 책을 읽고 난 뒤, 책꽂이에 바로 꽂아놓는가? ☐

✔ 식사를 한 뒤, 자신의 그릇을 정리하는가? ☐

✔ 방에서 만들기 놀이를 한 뒤에 쓰레기들을 쓰레기통에 넣어서 ☐
   정리하는가?

✔ 자신이 가지고 놀았던 장난감은 부모의 요구 없이도 스스로 정 ☐
   리하는 편인가?

✔ 일정한 시간에 일어나고, 일정한 시간에 잠자리에 드는가? ☐

✔ 어른을 만나면 인사하는 습관이 있는가? ☐

✔ "고맙습니다." "미안합니다." 등 상황에 맞는 인사를 습관적으로 ☐
   하는가?

✔ 자신이 한 약속을 잘 지키는가? ☐

✔ 위험한 상황이 무엇인지 알고, 이를 피하려 애쓰는가? ☐

···

　　성인에게는 너무나 당연한 일상 속 규칙이라 혹시 실망했을지
도 모릅니다. 하지만 입학을 준비하는 아이들의 입장에서는 의외
로 지키기 까다로운 것들입니다. 만약 나열한 것들 중 지킬 수 있
는 것이 5개 미만이라면 초등학교 입학 후 그 아이에게서 교사는
성실한 모습을 찾아내기 어려울 것입니다. 이런 아이들의 부모는
하루 빨리 위 생활 속 규칙이 습관이 되도록 세심하게 신경을 써야
합니다. 스토리텔링 수학, 원어민 생활영어, 받아쓰기가 중요한

것이 아닙니다. 가장 시급한 것은 바로 생활 속 규칙부터 성실하게 지키는 태도를 만드는 일이지요.

포기하지 않는 아이

규칙적인 생활과 성실함이 초등학교 생활의 기초가 된다고 재차 강조했습니다. 그렇다고 해서 성실하고 규칙적인 생활 이외 다른 것은 전혀 가르칠 필요가 없다는 말이 결코 아닙니다. 비록 어린 유치원생이지만, 무엇이든 배우고자 하는 학습의 욕구가 강한 아이도 분명히 있기 때문입니다. 오히려 배우고 싶어 하는 아이에게 교육적 자극을 충분히 제시해 주지 않는 것도 아이에게 해가 되기도 합니다. 그러므로 양육자는 아이가 무엇에 관심 있어 하는지, 무엇을 배우고 싶어 하는지를 꾸준히 지켜보고 이를 북돋아 주어야 합니다.

"우리 애는 그 피아노 학원이랑 정말 안 맞더라고. 우리 애는 피아노 쪽은 아닌 것 같아. 영 관심을 보이지 않네. 그냥 애가 하고 싶다는 태권도 학원이나 보낼까? 그래도 요즘 세상에 악기 하나는 제대로 다룰 수 있어야 할 것 같아서 피아노를 시키는 건데 말이야. 악기 중에서 피아노가 제일 기본이잖아. 안 그래? 그런데 영 관심을 안 보이니 내가 정말 답답해."

"우리 애는 피아노는 정말 좋아해. 너무 피아노만 치려고 해서 문제라니까. 그런데 여자애다 보니까 수학 쪽이 확실히 좀 처지는 것 같더라고. 그래서 가베 수업 시작했는데, 내가 봐도 애가 영 집중을 못하는데… 더 늦기 전에 그만두고 다른 거 알아봐야겠어. 입학도 얼마 남지 않았는데 마음만 급해지네. 우리 애만 그런 건 아니겠지?"

아이의 교육에 상당히 많은 관심을 가지고 있는 듯 보이는 두 엄마의 대화입니다. 하지만 이 두 명의 엄마는 아이가 원하는 것이 아닌, 엄마가 원하는 것을 가르치려고 하고 있습니다. 이러한 부모의 빗나간 교육열은 아이에게 쉽게 포기하는 방법만 알려줄 뿐입니다. 조금이라도 흥미를 느끼지 못하고 힘들어 보이면, 당장이라도 하지 않을 수 있고 그만둘 수 있다는 개념만 심어주는 꼴이 됩니다.

아이에게 어떤 분야의 교육을 시키고자 한다면, 사전에 엄마는 아이의 동의를 분명하게 얻어야만 합니다. 아이의 동의 없이 무작정 진행을 한다면, 처음에는 새로운 환경과 자극에 아이가 관심을 보일지 모르겠지만, 그것은 잠깐이고 오래가지 못합니다. 그래서 엄마는 무엇을 가르치고 싶어도, 아이의 입에서 먼저 그것을 배우고 싶다는 말이 나오기 전까지는 아이를 충분히 기다려주어야 합니다. 그 기다림의 시간은 예상보다 짧을 수도, 상당히 길 수도 있습니다. 다른 아이는 피아노에 관심을 보이는데, 우리 아이는 왜 피아노에 관심이 없을까 비교가 될지도 모릅니다. 다른 아이는 축구에 관심을 보이는데 우리 아이는 전혀 그러지 않을 수도 있습니다. 하지만 아이의 입에서 "엄마, 나 피아노 배우고 싶어요"라고 먼저 이야기하여 배우는 것과, 엄마의 입에서 "피아노를 배워보자. 피아노 학원에 가면 민수도 있고, 엄마가 선물도 사줄게!"라고 하여 배우는 것의 효과는 엄청난 차이를 보입니다.

기다림의 시간 끝에 드디어 아이가 무엇을 배우고 싶다고 이야기를 꺼냈다면, 부모는 아이에게 배우고 싶은 분야가 생긴 것을 진심으로 축하해 주어야 합니다. 스스로 무엇을 배울 생각을 한다는 것은 인간이 동물과 구별되는 실로 대단한 능력이기 때문이지요. 부모는 그 능력을 발휘하기 시작한 자녀를 진심으로 자랑스럽게 여기고 축복해 주어야 합니다. 그리고 그보다 더 중요한 건 힘들어도 포기하지 않겠다는 다짐을 받는 것입니다.

"엄마, 나 피아노 학원 다니고 싶어요."

"정말 피아노를 배우고 싶어? 왜 피아노가 배우고 싶은데?"

"엄마, 나 피아노 정말 좋아! 나도 '나비야 나비야' 노래 피아노로 치고 싶단 말이야~ 그리고 우리 유치원 친구도 피아노 학원 다니는데 정말 재미있다고 자랑했어."

CHAPTER 1

"우리 은수가 그런 생각을 하고 있었구나. 엄마도 일곱 살 때, 피아노가 정말 배우고 싶었어. 우리 은수가 엄마를 닮았나 보다~ 엄마랑 비슷한 생각을 했다니까 엄마 기분이 정말 좋다."

"정말? 엄마도 일곱 살 때 그랬었어? 엄마~ 나 피아노 학원 갈래~ 갈래!"

"그런데 은수야, 피아노는 생각보다 어렵고 힘들지도 몰라. 아직 은수 손이 작아서 진도가 빨리 안 나갈 수도 있고, 연습을 많이 해야 할 거야. 피곤해서 학원에 가기 싫을지도 모르는데. 포기하지 않고 끝까지 할 수 있어? 힘들어도 끝까지 배우기로 약속하면 피아노 학원 다니게 해줄게. 엄마는 은수가 끝까지 할 수 있다고 믿어. 엄마가 힘들 때마다 도와줄게. 우리 열심히 배워보자!"

이 대화에서 엄마는 본인의 어릴 적과 비슷한 생각을 아이가 하고 있어서 기분이 좋다고 이야기해 주고 있습니다. 아이들은 기본적으로 부모를 닮고 싶은 본능을 가지고 있습니다. "너는 나와 참 닮았다"는 이야기를 아이에게 자주 해봅시다. 이런 이야기는 아이가 엄마에게 인정받았다는 긍정적인 인식을 심어주는 데 좋습니다.

또 피아노를 배우는 것이 힘든 일이라고도 이야기해 주고 있습니다. 하지만 여기서 그치지 않고 '넌 해낼 수 있으리라 믿는다'는 엄마의 강한 믿음 또한 엿볼 수 있지요. 이것은 아이로 하여금 '나도 할 수 있다'는 목표를 갖게 합니다. 이렇게 쌓인 엄마의 믿음은 아이에게 그에 걸맞은 책임감도 기를 수 있게 도와줍니다. 이는 쉽게 포기하지 않는 어린이로 자라는 데 필수 요소입니다.

요즈음 서점에 가보면 아이들이 풀 수 있는 워크북이 많이 판매되고 있습니다. 알록달록 예쁜 그림 색칠하기 책, 나이별로 풀 수 있는 수학 학습지, 선긋기 책, 도형 그리기 책, 글자 쓰기 책 등 그 종류만도 상당합니다. 가격도 비싸지 않을뿐더러, 집에서 혼자 공부하겠다는 아이의 말이 대견하여 아이가 사달라고 조르기 시작하면, 어쩔 수 없이 장바구니에 담게 되지요.

이런 책을 사는 것이 옳지 않다는 이야기가 아닙니다. 저는 더 중요한 것은 '워크북을 산 이후'라는 이야기를 하고 싶습니다. 양육자는 아이가 색칠하기 책을 처음부터 끝까지 완성하는 아이인지 아닌지를 알아야 합니다. 새로 산 워크북의 처음 몇 장만 열심히 하고, 책장 한구석에 꽂아놓는 건 아닌지 살펴봅시다. 아니면 이미 휴지통에 넣어서 버리지 않았는지도 살펴봐야 합니다. 혹시 다 끝내지도 않은 워크북이 집에 많이 쌓여 있음에도 불구하고 마트에 가서 새 워크북을 사준 것은 아닌가요? 만약 그렇다면 안타깝게도 아이에게 포기하는 습관을 몸소 가르치고 있는 셈입니다.

워크북 외에도 연필, 색연필, 색종이, 크레파스 등 갖가지 학용품도 마찬가지입니다. 끝까지 써서 새로 사야 하는 상황이 아니라면, 아이에게 새 학용품을 사주어서는 안 됩니다. 조금 헌 것이 되었다고 그것을 버리는 습관은 위험합니다. 포기를 가르치고 싶지 않다면 남아 있는 학용품을 새 것으로 교체해 주어서는 안 됩니다.

포기하지 않는 습관을 기르는 활동에는 퍼즐만큼 좋은 놀이가 없습니다. 퍼즐은 처음부터 한 칸 한 칸 채워가야 하지요. 마지막 한 칸까지 채워 드디어 완성을 하면, 아이는 힘들지만 완성했다는 뿌듯함을 느낄 수 있습니다. 이와 같은 맥락으로 등산도 포기하지 않는 습관을 기르는 데 안성맞춤입니다. "오늘은 청계산의 매봉까지 가보자!"라고 목표를 정해서 가족과 함께 포기하지 않고 끝까지 올라보세요. 등산은 성취감을 느끼기에 좋은 활동입니다.

포기하지 않는 것은 바꿔 말하면 인내하는 것입니다. 포기하지 않고 인내심을 가지고 끝까지 이루려는 아이가 성실한 아이로 자랍니다. 현명한 부모는 아이에게 다른 어떠한 지식을 심어주기보다 성실함을 심어주는 데 각고의 노력을 기울입니다. 부모가 심어준 인내심과 성실함은 초등학교 시절뿐만 아니라, 앞으로 아이가 인생에서 마주할 수 있는 고비마다 큰 원동력이 됩니다.

성실함의 기본은 정리정돈

"1학년~ 3반!"

"네~네! 선생님!"

"자, 여러분, 지금 바른 글씨 공책을 사물함에서 꺼내세요."

담임선생님의 이야기에 아이들은 분주히 자신의 사물함으로 향합니다. 사물함을 열어 바른 글씨 공책을 찾기 시작합니다.

"선생님~ 바른 글씨 공책이 뭐예요? 어디에 있어요?"

이미 3월 한 달 동안이나 바른 글씨 공책으로만 공부를 했는데도, 이런 황당한 질문을 하는 아이들이 종종 있습니다. 그 공책에 대한 설명을 듣고서, "아!"라는 짧은 탄식과 함께 공책을 찾으러 사물함 쪽으로 걸어갑니다.

"선생님! 없는데요?"

사물함에는 아직 도착하지도 않았는데, 이번엔 찾아보지도 않고 없다고 말합니다.

"정말 없니? 그럴 리가 없는데… 찾아봤니?"
"아뇨. 없는 것 같아요."
"왜 없는 것 같아?"
"모르겠어요. 아마도 없는 것 같아요."

상황2

"자, 여러분! 어제 수학익힘책 42쪽이 숙제였지요? 가방 속에서 수학익힘책을 꺼내서 숙제를 모두 펴보세요."

그런데 한쪽에서 아이가 울고 있습니다.

"민수야, 왜 우니? 무슨 일 있니?"
"(훌쩍이며) 선생님, 수학익힘책이 없어요."
"어제 숙제를 하고 가방 속에 넣었나요?"
"네, 넣었어요. 그런데 없어요."
"그럼 선생님이 한번 찾아볼게요. 어? 여기 있는데요?"
"아, 이상하다. 내가 찾을 땐 없었는데…."

"자, 이번 시간은 국어 시간이에요. 모두들 수학책을 사물함에 집어 넣고 국어 1-가 책을 꺼내주세요. 시~작!"

(아이들 모두) "네!"

"모두들 꺼냈지요? 이제 수업 인사하고 시작하겠습니다. 차렷~."

"선생님, 민수 때문에 선생님 얼굴이 잘 안 보여요. 민수가 책을 엄청 많이 깔고 앉아 있어요."

"어머, 민수야, 너 왜 바른 글씨 공책, 수학익힘책, 국어생활 책을 깔고 앉아 있니? 그건 아까 우리 다 같이 공부를 끝낸 것들인데…."

"사물함까지 가기 귀찮아서요."

사물함을 찾아보지도 않고 없다고 하는 아이들, 대충 살펴본 뒤에 책이 없다고 우는 아이들, 사물함에 가기 귀찮아서 책을 아무 데나 두는 아이들 모두 입학 후 교실에서 흔하게 볼 수 있습니다. 앞에서 소개된 세 가지 상황은 자신이 물건을 어디에 두었는지 정확히 기억하지 못하기 때문에 일어난 일들입니다. 그림일기를 숙제로 내주었는데, 그림일기장을 학교 사물함에 두고 하교하는 바람에 정작 집에서 숙제를 하지 못하여 빈손으로 학교에 오는 경우도 이와 크게 다르지 않습니다.

교실에서 사물함과 책상 서랍을 정리하는 것은 등교하자마자 제일 먼저 해야 하고, 하교하기 전에 마지막으로 해야 하는 학교생활 중 가장 기본적인 일과입니다.

등교하자마자 한 번, 하교 전에 한 번씩 사물함을 정리하는 것이 습관화된 아이들은 앞에서 제시한 세 가지 문제 상황을 겪을 일이 거의 없습니다. 그래서 이 문제로 인해 선생님에게 꾸중 들을 일도 없습니다. 그러니 학교생활 역시 순탄하겠지요. 하지만 정리정돈 개념이 없는 아이들은 정리정돈의 필요성조차 느끼지 못하는 경우가 대부분입니다. 이렇게 자기 물건을 잘 챙기고 정리하는 습관은 성실함의 기본 요소라고 할 수 있습니다. 그렇다면 부모가 가정에서 정리정돈하는 습관을 어떻게 길러줄 수 있을까요?

정리정돈의 기본은 내 물건과 남의 물건을 구분하는 것부터 시작합니다. 내 물건이라는 애착을 가지고 있는 아이는 정리정돈을 잘합니다. 내 물건이 정돈되어 있지 않고 어지럽혀 있는 것이 마음에 들지 않기 때문이지요. 내 물건이 소중하다는 인식을 가지고 있는 아이는 남의 물건에도 쉽게 손대지 않습니다. 내 물건이 소중한 것처럼 남의 물건도 남에게는 소중한 것임을 알고 있기 때문입니다.

그래서 취학 전, 부모는 아이에게 아이만의 공간과 아이만의 소유물을 만들어 주는 것이 좋습니다. 아이의 방을 새롭게 꾸며주는 것이 가장 대표적인 방법이 되겠지요. 물론 이 모든 과정은 양육자 혼자 하는 것이 아니라 아이와 함께 하되, 아이의 의견을 적극 반영해야 합니다.

학령에 맞지 않는 장난감과 교구는 버려야 합니다. 고장이 나서 더이상 쓸모없는 것도 과감히 버리도록 합니다. 초등학생이 되면 받아쓰기 공부, 글씨쓰기 숙제, 그림일기 쓰기 등 과제물이 종종 생기므로 과제물을 수행할 수 있는 적당한 책상이 필요합니다. 거창한 책상일 필요는 없습니다. 아직은 책상에 앉아 과제를 하는 시간은 그리 많지 않으니까요. 그렇지만 내 학용품을 놓고 짧지만 집중해서 공부할 수 있는 분리된 공간은 꼭 필요합니다. 아이에게 내 물건에 대한 애착을 심어주기 더욱 용이할뿐더러, 자신만의 책상에서 공부를 하는 즐거움도 알려줄 수 있기 때문이지요.

그리고 교실에 있는 사물함과 같이 아이의 물건은 아이가 직접 스스로 관리, 감독할 수 있도록 장소를 필히 마련해 주어야 합니다. 아이와 함께 상의하여 책을 꽂는 위치와 순서, 각종 학용품을 두는 위치, 방향 등을 정하도록 합니다. 본인이 정리 규칙을 정했기 때문에 더욱 열심히 지키려고 할 것입니다. 하지만 이런 의지도 그다지 오래가지 않습니다. 그래서 양육자는 새로 깔끔하게 정리된 방과 책상이 깨끗한 상태로 유지될 수 있도록 아이가 물건을 정리하는 습관이 자리 잡을 때까지 격려하고 도와주어야 합니다.

환경을 만들어 주었으니 이제 아이가 스스로 정리할 것이라는 기대는 아직 이릅니다. 이 시기의 아이들은 자기 스스로를 관리하는 능력이 부족하기 때문에 시시각각 점검이 필요합니다. 다만 이 점검이 아이에게 '잔소리'처럼 들려서는 안 되겠지요.

> "수인아, 책상이 조금 어지럽혀져 있는데, 이 공책은 어디에 꽂아야 하지? 이 공책은 수인이가 제자리에 둘 수 있겠지? 엄마는 연필 정리를 도와줄게."

이렇게 정리를 도와가며 처음 환경을 그대로 유지할 수 있도록 해주다가 아이의 역할을 점차 늘려가는 것이 좋습니다. 또 정리가 습관이 되기 위해서는 정리정돈하는 일이 아이에게 '벌'의 개념이 되어도 절대 안 됩니다.

> "엄마 말 안 들었으니까, 네 방 가서 청소해!"
> "네 방 정리하면 용서해 줄게."

위와 같은 말은 피하는 것이 좋습니다. 정리정돈하는 것은 당연히 해야 하는 일상이지, 누군가에게 용서를 구하기 위해 해야 하는 벌이 아니니까요.

한편 양육자의 정리벽이 너무 심한 경우, 아이는 오히려 정리하는 습관에 대해 반감을 가질 수 있습니다. 예를 들어, 정리벽이 심한 양육자가 아이에게 정리정돈을 하라고 했습니다. 아이는 나름대로 열심히 정리정돈을 했습니다. 잠시 후 양육자가 오더니 말도 없이 물건을 재배치하며 다시 정리를 하기 시작합니다. 이 아이는 자신이 왜 정리해야 하는지 정리의 필요성을 이해하지 못합니다. 어차피 양육자가 다시 정리를 할 테니 말이지요. 실제로 교실 사물함이 엉망인 어린이 중에는 집은 깔끔하다며 자랑하는(?) 아이도 있습니다. 사물함도 집처럼 깔끔하게 정리해 보는 게 어떻겠냐고 제안했더니 이렇게 말하더군요. "그거는 엄마가 어차피 다시 정리하니까 깔끔한 거예요"라고요.

나름대로 열심히 정리정돈을 했으나 깔끔하게 하지 못한 아이에게는 먼저 충분히 칭찬을 해주어야 합니다. 그리고 대화를 통해 좀 더 잘 정리정돈하는 요령에 대해 이야기해 주면서 아이가 엄마의 정리 패턴을 이해하도록 만들어야 하지요. 아이는 아직 정리하는 방법을 구체적으로 알지 못하고 있는 상태일지 모릅니다. "정리 좀 해라"라고 단순하게 명령하는 것이 아니라 "장난감을 빨간색 통에 담아서 인형 옆에 놓는 게 어떨?"라고 그 행동의 내용을 구체적으로 일러주는 게 좋습니다.

자신의 물건을 아끼고 잘 챙길 수 있는 능력은 중학교, 고등학교로 진학한 이후에까지 영향을 미칩니다. 중학생 자녀의 필통까지 신경 써줄 자신이 있지 않는 한, 취학 전 정리정돈의 습관을 잡아

주는 것은 필수입니다.

"영지야, 영지 주변에 있는 쓰레기 좀 주워줄래?"
"선생님, 이거 제가 그런 게 아닌데요? 저는 아까 다 갖다 버렸어요.
제가 버린 거 아니에요."
"음… 그래, 누군가 버렸는데 이리저리 다니다 지금 영지 자리까지
왔나 보다. 선생님이 범인을 찾기에 어렵기도 하고, 지금 영지 자리
가 지저분해 보이니까, 네가 그런 게 아니라도 주워주면 어떨까?"
"힝~ 더러운데… 힝~."

더러운 쓰레기를 좋아하는 아이는 아마 없을 것입니다. 더군다
나 내가 버리지도 않은 쓰레기를 줍는 것을 좋아하는 아이는 더욱
없겠지요. 그래도 항상 자기 자리를 가지런히 정리정돈하려는 노
력을 기울이는 아이들은, 자신이 버린 쓰레기가 아니어도 기꺼이
주울 줄 안답니다.
종종 학교로 이런 문의가 오는 경우가 있습니다.

"선생님, 지희 아이 알림장이 매번 표지가 덮혀 있지 않은데 지도해
주시면 안 되나요?"

아이가 알림장을 작성한 뒤, 공책 표지를 바르게 덮어야 하는데, 그냥 그 페이지 그대로 가방 속에 넣는 것이지요. 아마 알림장 속지가 많이 구겨지고, 찢어지기도 했을 겁니다.

또 이런 문의도 있었습니다.

"선생님, 저희 아이 책가방 문을 왜 안 잠가 주시나요? 아이 가방 속 물건이 다 쏟아지려고 하는데, 좀 닫아 주시지….."

이렇게 '정리정돈'이라고 하는 분야는 소소하게 챙길 것이 참 많습니다. 물론 위와 같은 상황에서 어려움을 겪는 아이들에게는 교사가 도움을 줄 필요가 있습니다. 그런데 이 책을 읽고 계시는 지금 '초등학교 입학준비'를 하고 있는 분들이시지요? 유치원을 다니는 아이들에게 직접 가방 문을 닫고, 유치원에서 사용하는 책의 표지를 바르게 닫을 수 있게 가정에서 지도해 주세요. 이 시기부터 다져진 습관을 장착하고 초등학교 입학을 하는 어린이는, 절대 위와 같은 도움이 필요 없습니다.

자기주도적인 아이

"선생님, 우리 아이는요. 여덟 살인데도 도무지 혼자서 뭘 하지를 않아요. 일기 쓰라고 아무리 이야기를 해도 흘러듣기만 하고요. 안 해요. 심지어 노는 것도 혼자 못해서 속상하고 답답해요. 서너 살짜리 아이도 아닌데 뭘 만들어 달라, 그려 달라 아직도 저한테 요구가 참 많아요. 어린 동생을 시샘하는 것 같기도 하고요. 혼자 좀 놀고, 알아서 숙제 좀 했으면 좋겠는데…. 다른 아이들도 이런가요?"

입학 후 이뤄지는 정기 상담시간에 학부모들은 간혹 이런 질문을 합니다. 혼자서 아무것도 하지 못하고 집중하지 못하는 아이들이 의외로 많다는 의미겠지요. 이렇게 혼자서 아무것도 하지 못하는 아이는 수업시간에 교사의 눈에도 쉽게 띌 수밖에 없습니다. 평범한 다른 아이들은 30분이나 걸려서 할 수 있는 과제를 5분이 채 지나기 전에 다 완성했다며 몸을 배배 꼬고 있거나 심지어는 교실을 돌아다니며 다른 친구를 방해하는 경우도 종종 있습니다. 당연히 이 아이가 만든 작품의 완성도 역시 현저히 떨어질 수밖에 없지요.

반대로 혼자서도 잘하는 아이는 정해진 시간을 적절히 안배하여, 이를 충분히 활용하며 작품을 완성해 나갑니다. 내 이름을 걸고 하는 것이기 때문에 절대 대충하는 법이 없지요. 이런 아이는 자기주도적입니다. 누가 하라고 해서 열심히 하는 것이 아니라 자기 스스로 만족을 위해서 열심히 하는 아이입니다. 이러한 자기주도적인 아이들은 어떤 특징이 있을까요?

흥미

자기주도적인 아이는 어린 시절부터 스스로 무엇인가를 만들어내는 것에 크게 흥미를 느낍니다. 작은 네모 블록으로 설명서를 쳐다보며 멋진 성을 만든다거나 찰흙을 오밀조밀 만져서 예쁜 꽃으로 만들어내는 것을 좋아합니다. 또 머릿속으로 상상한 내용을 그림으로 상세히 그려서 표현하며 짜릿한 쾌감을 느끼기도 합니다.

그리고 양육자로부터 칭찬을 많이 받아본 경험도 이를 강화시킵니다. "나는 잘한다"라는 자신감이 생길 수밖에요.

우리 아이가 매일 찰흙만 가지고 놀거나 블록만 감싸고 논다고, 혹은 하루 종일 그림만 그린다고 불평할 일이 아니라 한 가지에 집중하여 놀 수 있는 이 아이의 무시무시한 저력을 오히려 칭찬해 주어야 합니다. 스스로 무엇을 만들어내는 것에 흥미를 느끼는 아이들만이 일기를 쓰며, 숙제를 하고 그 완성된 자신의 작품을 보고 만족감과 성취감을 느낍니다.

하지만 애석하게도 만들어내는 것에 흥미를 느끼는 아이들 모두가 자기주도적인 아이는 아닙니다. 여기에 '책임감'이라는 요소가 덧붙여져야만 비로소 자기주도적인 아이가 될 수 있지요.

투철한 책임감

투철한 책임감은 자기주도적인 아이들에게서 보이는 두 번째 모습입니다. 책임감의 시작은 '약속'입니다. 어린 시절부터 약속의 개념을 잘 알고, 이를 지켜야 한다는 인식이 강력한 아이들은 책임감이 넘칩니다. 예를 들어 일기를 쓰는 것은 담임선생님과 한 약속이기 때문에 지켜야 하고, 그래서 누가 시키지 않더라도 일기를 쓰는 것이지요.

약속을 잘 지켜 책임감이 있는 아이들은 '절제'라는 덕목도 갖추고 있습니다. 당장 컴퓨터 게임을 하고 싶고 텔레비전도 실컷 보고 싶지만, 약속을 지켜야 하기 때문에 그 순간 절제력을 발휘하여 참는 것이죠.

따라서 취학 전 약속의 중요성을 생활 속에서 가르쳐야 합니다. 아이와 충분히 합의하여 아이가 지킬 수 있는 약속을 만들고, 아이가 이 약속을 지켰을 경우에는 많은 칭찬을 아끼지 말아야 하죠. 반대로 약속을 지키지 않는 경우에는 호되게 야단도 쳐야 합니다. 부모 또한 아이와 한 약속을 잘 지켜야 합니다. 약속을 잘 지키는 모범을 보이는 양육자가 있어야 약속을 잘 지키는 아이로 자라기 때문입니다.

시간 관리

자기주도적인 아이들은 시간을 잘 관리하여 쓸 줄 압니다. 일곱 살, 여덟 살 아이들이 시간을 잘 관리해서 쓴다고 하니 조금 어색한가요? 하지만, 시간을 관리할 줄 아는 아이들이 그렇지 않은 아이들보다 훨씬 더 자기주도적이라는 사실은 결코 부인할 수 없습니다.

시간을 관리할 수 있으려면, 일단 아이에게 시간관념이 있어야 합니다. 1시간은 어느 정도의 시간인지, 1분과 10분은 어떻게 차이가 나는지 대강의 느낌을 알아야 하지요. 어린아이들이라 아직 '시간, 분, 초'의 단위를 자유자재로 구사할 수는 없습니다. 하지만 적어도 내가 아침에 일어나 양치를 하고 세수를 하고 옷을 갈아입는 데 걸리는 시간이 대략 어느 정도인지를 알고, 약속된 시간 안에 해내려는 의지를 갖추어야 합니다.

시간관념을 가지고 있어서 시간을 잘 관리하는 아이들은 '초인지능력'을 갖추고 있습니다. 초인지능력은 인지능력을 넘어서는 개념입니다. 초인지는 말 그대로 인지를 초월한다는 뜻이지요. 인지가 '무엇을 아는 것'이라면, 초인지는 '내가 무엇을 알고 있는지를 아는 것'입니다. 다시 설명하면, 내가 제대로 알고 있는지 모르고 있는지를 나 스스로가 알고 있는 능력을 말합니다. 초인지능력은 나를 객관화할 수 있는 능력입니다. 초인지능력을 갖추고 있는 아이들은 자신이 알고 있는 것에 의문을 제기하고, 검증하고, 수정 보완할 줄 압니다.

인지	초인지
• 무엇을 아는 것 • 흔히 배경지식을 얼마나 갖추고 있느냐로 판단	• 인지를 뛰어넘는 개념 • 무엇을 알고 있는지를 아는 것 • 스스로를 객관화할 수 있는 능력 • 어떠한 과제를 해결할 때, 계획 설립, 도구 설정, 계획 실행, 중간 점검, 최종 목표달성, 자기평가 및 자기반성을 함

💡 **해결** ·

1. 계획 설정	2. 도구 설정	3. 계획 실행
4. 중간 점검	5. 최종 목표달성	6. 자기평가 및 자기반성

· ·

예를 들어볼게요. 거울 속의 내 얼굴을 관찰한 뒤, 도화지에 직접 자신의 자화상을 그리는 수업이라고 생각해 봅시다. 초인지능력을 갖추고 있는 아이들은, 교사가 제시한 시간을 제일 먼저 확인

합니다. 그리고 어떤 식으로 그림을 그려낼지를 고민합니다(계획 설정). 선생님이 사인펜을 사용해서 그리라고 했지만, 색연필과 크레파스 등 다른 도구를 사용할 줄도 압니다(도구 설정). 스케치를 하고 색칠을 하는 중간 과정에서 틈틈이 시계를 보며 시간을 안배합니다(계획 실행). 시간이 지나치게 많이 남았다면, 바탕을 꾸미거나 정리정돈에 힘쓰고, 시간이 지나치게 부족하다면 서두를 줄도 압니다(중간 점검). 교사가 제시한 시간을 단 1분이라도 허투루 쓰지 않지요. 이렇게 초인지능력을 갖추어 '시간관념'이 있는 아이들은 한 가지 과제를 해결할 때 계획, 실행, 검토 단계에서 적절히 시간을 안배하기 때문에 과제 해결의 완성도도 높습니다. 또한 스스로 하는 것의 즐거움도 크게 느낍니다. 그렇다면 어떻게 아이에게 시간관념을 정립시켜 줄 수 있을까요?

> "우리 7시 45분까지만 보드게임하고 8시까지는 씻고 잠옷으로 갈아
> 입도록 하자."
> "지금 긴바늘이 9에 있는데, 긴바늘이 12에 갈 때까지 씻고 잠옷으
> 로 갈아입자."

이러한 방식으로 과제를 제시할 때마다 시간도 함께 제시해 주면 시간에 대한 관리 능력이 자랄 수 있습니다. 아이들 스스로 시간을

누리면서 과제를 해결하도록 도와줄 수 있습니다. 물론 처음부터 아이들이 제한된 시간 내에 과제를 해결하지는 못할 것입니다. 대부분의 아이들은 자신에게 주어진 시간이 생각보다 '길다'고 생각하기 때문입니다. 하지만 매일 해야 하는 양치, 세면, 환복, 식사 등 기본적인 깃들부터 시간을 잘 지키다보면 시간관념을 세워줄 수 있습니다.

이렇게 가정에서 자기주도적인 습관이 자리 잡힌 아이들은 학교에 와서 대부분 성실한 생활을 하며, 학교생활에 순탄하게 적응합니다. 머릿속에 들어 있는 많은 지식과 영어 실력, 수학암산 실력보다 중요한 것이 바로 이러한 태도입니다.

처음부터 스스로 일기를 쓰거나 스스로 숙제를 꺼내서 하는 아이들은 많지 않습니다. 아주 작은 일부터 천천히 시간을 알차게 누리며 완성도 있게 해나가는 습관을 길러줄 수 있도록, 세심한 지도가 필요합니다. 그리고 초등학생 자녀가 스스로 숙제를 하려는 모습이 조금이라도 보인다면, 격하게 칭찬해 주어야 합니다. 이는 정말 대견한 모습임이 틀림없기 때문입니다.

상을 타는 아이와 성실한 아이

제가 초등학생(혹은 국민학생)이었을 적에는 학교에서 매년 여러 대회가 열렸습니다. 4월에는 자연보호 관련 그림 그리기 및 글짓기 대회가 있었고, 학교폭력 주간에는 표어 만들기 대회 등도 열렸습니다. 곧 과학의 날이라 상상화 그리기 대회, 상상 글짓기 대회, 과학 독후감 대회, 물 로켓 대회, 글라이더 날리기 대회, 로봇 만들기 대회 등도 실시했습니다. 5월에는 가정의 달을 맞이하여 가족신문 만들기 대회, 편지쓰기 대회도 열렸으며, 9월에는 독서의 계절을 맞아 독서 감상문 대회, 책표지 그리기 대회가 열리기도 하고, 다독상도 있었습니다. 11월에는 불조심 강조의 달을 맞이하여 포스터 그리기 대회도 있었습니다.

이뿐만이 아닙니다. 저학년 대상으로는 경필쓰기 대회, 고학년은 독서토론 대회도 열립니다. 또한 달리기 대회, 멀리뛰기 대회, 줄넘기 인증 대회도 있습니다. 동요 부르기 대회와 합창 대회도 있지요. 상장의 종류도 가지각색, 상의 이름도 다양합니다.

이러한 대회를 모두 1년 안에 개최하다 보면, 교사 입장에서는 교육과정 목표를 달성하기보다 대회만 치르다 1년이 지나가는 느낌을 받기도 합니다. 교과서 진도를 나가야 하는데 대회를 치러야 하는 상황도 많이 발생하지요. 제가 초임 교사로 발령받았을 때만 해도 학교에서 실시되는 각종 대회 때문에 저 또한 하루가 멀다 하고 매일 상장을 인쇄해야 했습니다.

다행히 요즘에는 학교마다 교내대회를 점차 축소하고 있는 추세입니다. 초등학생에게 수여하는 상장은 아이들에게 자신감을 심어주고 학습에 의욕을 고취시키는 등 긍정적인 효과도 있지만, 그 폐단도 많기에 없어지는 추세입니다. 대회가 정작 교육과정의 목표를 달성하는 일에 방해가 되고, 학년 초(3~7월)에 수여하는 상 대부분은 아이가 1년 동안 성실히 노력한 여하에 따른 결과물이 아닌, 본래 가지고 있는 능력을 잣대로 평가하여 줄 수밖에 없는 상이기 때문입니다.

1년 동안 성실하게 노력한 아이가 상을 받아야 마땅한데, 사교육 등의 힘으로 이미 스킬을 무장한 아이가 상장을 받는 현실이 종종 있습니다. 따라서 상을 받는 아이는 스킬을 미리 배워 터득해 그 분야에 남다른 것뿐이지 결코 학교생활에 성실히 임하고 있다는 증표는 되지 않습니다(그 남다른 스킬 또한 상급학교에 진학하게 되면 역전되는 경우가 허다합니다). 그러므로 단 한 장의 상장이 가진 의미를 확대해석할 필요가 전혀 없습니다.

그런데 요즘 학부모들은 초등학교에서 어떤 대회가 언제 실시되는지 등의 정보를 취학 전부터 미리 입수해 상장을 받으려고 준비하기도 합니다. 이는 결코 아이를 성실하게 키우는 것이 아닙니다. 상장의 개수가 많다고 하여 그 아이 인생의 성공을 점칠 수는 없지요.

몇 해 전, 1학년을 담임하고 있을 때였습니다. 그날은 경필쓰기 대회의 상장이 수여되는 날이었습니다. 이름이 호명되어 상장을 받는 아이의 얼굴에는 미소가 번졌지만, 아깝게 상장을 받지 못한 아이의 얼굴에는 수심이 가득했었지요. 모두에게 상장을 주고 싶지만 5명만 주어야 해서 선생님도 마음이 아프다고 말했지만 상장을 받지 못한 아이들의 얼굴은 좀처럼 풀리지 않았습니다.

방과 후에 한 학부모가 저를 찾아왔습니다. 용건은 우리 아이가 정말 글씨를 잘 쓰는데 왜 상장을 받지 못했는지 궁금하다는 것이었습니다. 상장을 받지 못한 아이의 마음만큼 엄마의 마음도 많이 속상해 보였습니다. 아이가 이 대회를 위해서 적지 않은 시간과 노력을 투자했다고 더 안타까워했지요. 그 학부모는 아이에게 시간과 노력을 투자하면 반드시 '좋은 결과'가 있을 것이라고 평소 자신 있게 지도해 왔는데 상장을 타지 못해서 아이에게 해줄 말이 없다고 털어놓았습니다. 저는 학부모님께 이렇게 말씀드렸습니다.

"자녀분의 글씨는 어디에 내놓아도 칭찬을 들을 만큼 훌륭합니다. 하지만 이 아이가 시간과 노력을 투자한 만큼 다른 아이들도 그 이상의 시간과 노력을 많이 투자했고, 상을 5명만 주어야 하는 입장에서 그 노력들을 무시할 수가 없었습니다. 그리고 '좋은 결과'의 의미가 단순히 상장을 타는 것이 아니라 아이가 긍정적으로 성장하여 훌륭한 사람이 되는 것이라고 생각한다면, 오늘 상장을 타지 못한 것이 결코 '나쁜 결과'는 아닐 것입니다. 오늘 경험한 이 좌절이 또 다른 성공의 발판이 되도록 만들어주는 것이 부모와 교사의 역할이 아닐까요?"

부모가 상장에 연연하게 되면, 아이의 자존감은 상장으로만 국한됩니다. 상장을 타면 자존감이 높아질지 모르지만, 아깝게 놓친 상장 한 장으로 아이의 자존감은 바닥까지 떨어질 수도 있습니다. 상장에 연연하는 태도는 옳지 못합니다.

상장의 노예가 되어 상장을 받아야만 학교생활에 성공한 것처럼 여기지 마세요. 반대로 상장을 받지 못했다고 학교생활을 못하고 있다고 여기지도 마십시오. 경필쓰기 대회 상장보다 아이의 학교생활을 자세하고 정확하게 보여주는 것은 아이가 학교에서 사용하고 있는 공책과 교과서입니다. 그곳에 담겨 있는 아이의 글씨가 진짜 실력입니다.

성실하게 학교생활에 임하고 있는 아이에게 상장을 받지 못했다고 부모가 먼저 실망감을 보인다거나 상장을 받은 아이를 부러워한다면 아이는 큰 상처를 받습니다. 이미 아이도 상장을 받은 아이를 많이 부러워하고 있기 때문이지요. 단기간의 성공을 바라는 게 아니라 장기적인 안목을 가진 부모라면 이런 아이의 마음을 따뜻하게 어루만져 줄 수 있어야 합니다.

CHAPTER

2

사랑받는
아이는
따로 있다

"선생님! 짝 언제 바꿔요?"

"선생님, 저는 민수가 정말 싫어요. 빨리 짝 바꾸고 싶어요."

"선생님~ 저도 얘 싫어요. 전 아무것도 안 했는데도 매일 선생님한 테 고자질만 해요. 저도 얘 싫어요."

요즘 아이들, 참 솔직하죠? 짝을 바꾸려면 아직 많이 기다려야 하고, 짝을 바꾼 지 얼마 되지도 않았는데 1학년 아이들의 입에서 흔히 나오는 말들입니다. 어른들끼리의 사회라면 싫은 사람이 있 어도 보통 내색하지 않기 마련인데, 아직 자신의 감정을 숨기지 못하고 그대로 표출해야 직성이 풀리는 어린이들이라 적당한 선에서 어느 정도는 이해해 주어야 합니다.

하지만 이런 말을 들으면 교사는 참으로 난감해질 수밖에 없습니다. 짝을 바꿔달라고 마냥 바꿔줄 수만은 없는 것이 현실이기 때문이지요. 모두에게 만족을 줄 수 있는 상황은 있을 수가 없습니다. 이곳은 교실이기 때문이지요. 교실은 '1학년 ○반'이라는 울타리로 둘러싸인 하나의 공동체입니다.

초등학교에 입학하면서 아이들은 비로소 제대로 된 사회에 입문하게 됩니다. 이미 취학 전 유치원이나 어린이집, 놀이학교 등을 통해 또래 친구들을 겪어왔겠지만, 그때는 학교만큼 공동체적인 활동과 규칙을 요구하지는 않습니다. 학교는 혼자서 생활하는 곳이 아니므로 우리 아이들에게는 여러 사람과 어울릴 수 있는 적당한 '사회성'이 필요합니다.

앞서 성공적인 초등학교 생활의 키워드가 '성실'이라고 했는데, 또 하나의 키워드는 바로 '사회성'입니다. 사회성이란 사회생활을 융통성 있게 하고자 하는 인간의 본성을 말합니다. 교실도 하나의 공동체이기 때문에 사회생활을 융통성 있게 해나가려는 마음을 발휘할 때, 저절로 학교생활이 즐거워질 수 있습니다.

아무리 책을 많이 읽고 학원에 다녀서 지식이 많은 아이일지라도 그것을 교실에서 전혀 발휘하지 못한다면 아무 소용이 없는 지식일 뿐입니다. 반대로 자신이 알고 있는 지식 모두를 표현하려고 만 애쓰다 보면 아이는 '잘난 척쟁이'로 낙인되어 결국엔 외톨이가 될지도 모릅니다. 취학 전의 아이들을 비싼 돈 들여서 수학, 영어, 미술, 과학 등의 학원에 보내는 데 목표를 둘 필요가 없는 이유가 바로 이것입니다.

다시 한번 강조하지만 교과공부를 어느 정도 준비하는 것도 중요하지만, 그것보다 더욱 중요한 것이 바람직한 생활태도를 지도하고 준비하는 것입니다. 1학년의 교과 수준은 생각보다 매우 낮고, 아예 교과평가를 하지 않는 학교도 많습니다. 또 통합 교과의 비중이 커서 아이들이 부담 없이 즐기면서 공부할 수 있는 수준이에요. 그러므로 1학년을 위해 교과공부를 준비하는 것보다 바람직한 생활태도를 몸에 익히는 것이 장기적인 학교생활에 더욱 도움을 줄 수 있습니다.

실제로 1학년 지도 경험이 있는 대부분의 초등학교 교사는 입학전 아이들이 두루 갖추었으면 하는 것으로 교과지식보다 생활태도를 우선적으로 꼽기도 합니다.

"다른 학년에 비해 1학년이 확연히 다른 점은, 지식 수준의 격차는 적은 것에 비해, 생활 수준의 격차는 확연히 크다는 것이죠. 이 말은 생활태도 수준이 1학년 학교생활에서 차지하는 비중이 아주 크다는

것을 의미해요. 교과서 수준을 아이가 따라가지 못할 것이라는 걱정
보다, 아이의 생활태도를 바르게 정립시켜주는 것이 더욱 중요하다
고 생각합니다."

대부분의 초등학교 1학년 담임선생님들은 교과지도보다 생활지
도에 더욱 어려움을 느낍니다. 가정에서는 잘해내는 것처럼 보이
는 것들을 교실에서는 전혀 발휘하지 못하는 어린이도 있습니다.
자기 뜻대로 되지 않을 때 소리를 지른다거나 착석하지 않는 어린
이도 있습니다. 다른 아이의 영역에 침범해서 방해하는 어린이, 승
부에 집착해서 실수를 이해하지 못하고 무력으로 화를 표출하는
어린이도 있습니다. 1학년 교사가 제일 힘들어하는 생활지도 상황
은 '과제를 하기 싫어하는 아이'를 지도할 때입니다. 아이는 자신
에게 맡겨진 과업을 수행하기 싫어서 소리를 지르고 교실을 돌아
다니고 화장실에 가서 숨습니다. 그런데 놀랍게도 아이의 학업성
취는 높습니다. 교과지식 습득력은 우수할지 몰라도, 생활지능은
그것을 따라가지 못합니다.

"여러분, 이번 시간에는 선생님이 그림책을 한 권 읽어줄 거예요. 여
러분은 선생님이 읽어주는 그림책을 눈과 귀로 잘 보고 들은 다음,
기억에 남는 장면 하나를 그림으로 표현해 볼게요."

"네~!"

"무슨 책인지 궁금해요! 재미있겠다!"

"난 재미없을 것 같은데? 선생님 저는 안 하면 안 돼요?"

"아니야, 지훈아. 막상 선생님이 들려주는 책 이야기를 들으면 생각이 바뀔걸?"

"그럼 저는 책만 읽고, 그림은 안 그려도 되죠?"

(책 다 읽은 뒤)

"선생님, 저 배가 너무 아파요… 아무래도 못 하겠어요… 보건실 다녀와도 되죠?"

해가 갈수록 이런 아이들도 점점 많아지는 것 같습니다. 과업을 수행하고자 하는 의지가 이미 0에 가깝습니다. 학습이 부진한 것은 결코 아닙니다. 마음가짐이 부진한 것이지요.

이와 관련한 미국 유치원의 사례가 있습니다.

수십 년 전, 미국의 유치원 교육은 아이들이 입학 전에 갖추고 있는 여러 지식 수준, 즉 '헤드 스타트(head start)' 지점을 모두 같게 하는 것이 목표였다고 합니다. 그래서 학습이 부진한 아이들을 끌어올리려는 많은 노력을 기울였지요. 지식의 빈익빈 부익부 현상, 즉 아이들의 지식 수준의 차이가 큰 것이 당시 미국 초등학교

교육에 주요 문제점으로 꼽혔기 때문이었습니다. 하지만 애석하게도 이 노력은 몇 해 가지 않아서 실효성이 제대로 발휘되지 않았음을 인정할 수밖에 없었어요. 입학 전 헤드 스타트 지점을 모두 비슷하게 맞췄지만, 아이들이 자라면서 여지없이 그 수준이 벌어졌기 때문이라고 합니다. 그래서 이후 유치원 교육은 아이들의 지식 수준을 고르게 하는 대신, 아이들이 고루 갖추어야 할 마음가짐을 더욱 강조하기 시작했습니다. '헤드 스타트'가 아닌 '하트 스타트(heart start)' 지점을 고르게 맞춰주기로 한 거죠. 그리고 몇 가지를 더욱 강조했습니다.

또래 의식	호기심	자제력	의사소통 능력
협동심	계획성	자신에 대한 이해	

이 글을 쓰고 있는 저 또한 위에 열거한 것들이 교과과정 습득보다 훨씬 더 중요하다는 것을 다시 한번 강조하고 싶습니다.

가족애가 묻어나는 아이

우리 사회는 수많은 가정으로 이루어져 있습니다. 그래서 사회성의 기본은 바로 가정교육에 있지요. 아이의 사회성을 키워주고 싶다면, 양육자의 따뜻한 사랑이 절실히 필요합니다.

"선생님, 우리 아이는요. 저도 손을 뗐어요. 어릴 때부터 어찌나 말을 안 듣는지요. 안아주려고 해도 버팅기기만 하고, 제가 정말 힘들게 키웠어요. 선생님도 저처럼 많이 힘드실지 몰라요. 정말 지독한 개구쟁이거든요. 제 아들은 기질이 워낙 특이해서 그런지, 정말 제가 손을 쓸 수가 없어요. 고생스러우시겠지만 우리 아이 잘 부탁드려요. 선생님."

당황스럽게도 입학식 날, 첫 대면에 이런 인사를 건네는 학부모도 있습니다. 이 학부모는 입학식에 제대로 집중하지 않은 자신의 아이 때문에 신경이 곤두서고 짜증이 나 있었습니다. 아이는 엄마의 말에도 아랑곳하지 않고 빈 교실을 빙글빙글 계속해서 돌고 있었지요. 교실에서 뛰어다니면 위험하니 가만히 있으라는 제 말에도 아이는 도끼 같은 눈으로 저를 쳐다볼 뿐이었습니다. 학부모의 말과 아이의 눈빛이나 행동에서 이 학부모가 아이를 양육하며 그동안 겪었을 고통이 느껴졌습니다. 30분 남짓 보았을 뿐인데, 제 눈에도 아이는 상당한 개구쟁이로 보였기 때문이지요. 이 학부모가 왜 이런 말을 첫날부터 하는지 그 이유를 알 것 같았습니다.

하지만 이 학부모의 말 중 어떤 부분은 틀렸습니다. 이 아이의 기질이 특이한 것은 맞는 말일지 모릅니다. 하지만 엄마가 손을 쓸 수 없다는 부분은 다시 생각해 봐야 합니다.

사람은 저마다 가지고 있는 고유의 기질이 있습니다. 아이들도 각자 고유의 기질을 가지고 태어납니다. 아이가 가진 기질은 엄마가 마음대로 바꿀 수 없지만, 아이의 인성만큼은 후천적으로 충분히 교육할 수 있습니다. 인성은 결코 아이의 기질 문제가 아니기 때문이지요. 천방지축으로 날뛰거나 모나고 다듬어지지 않는 아이의 인성은 그 아이의 천성이 아닙니다. 적절한 시기에 적절한 방법으로 가정에서 교육받지 못했기 때문입니다.

아이의 인성을 결정짓는 것은 절반 이상이 양육자의 사랑입니다. 문제 행동을 보이는 아이를 관찰하고 해결책을 제시해 주는 한 육아 전문 프로그램에서 우리는 문제 아이의 주된 원인이 다름 아닌 부모였다는 것을 많이 봐왔습니다.

초등학교 입학 전에, 아니 그 이후로도 자녀에게 무한한 사랑을 베풀어주는 것은 가장 기본적인 양육자의 역할입니다.

아빠는 아이의 사회성에 영향을 미친다

MBC에서 방영되었던 〈아빠, 어디가?〉를 필두로 〈슈퍼맨이 돌아왔다〉 등 요즘 심심찮게 '아빠육아'를 화두로 삼은 프로그램이 많아졌습니다. 엄마 없이 아이와 아빠, 단둘이서 외딴 마을로 여행을 가거나 식사를 준비해서 밥을 먹지요. 평상시 엄마가 했던 목욕을 시키고 재우는 일들까지 아빠 혼자서 해결하며 생기는 재미있는 에피소드를 담고 있습니다.

태어나서 한시도 엄마와 떨어져 자본 적이 없는 아이들이라 서운하거나 불안할 법도 한데 아이들은 아빠와의 시간을 너무나 행복한 모습으로 즐깁니다. 아이가 다치거나 아플까 봐 엄마는 절대 하지 못하게 했던 것들을 아빠는 허용해 주고요. 그러다 보니 예상치 못한 위기도 생기지만 아빠와 함께 이를 극복해 나가는 모습이 참으로 대견하지요. 이렇듯 아빠는 거침없는 도전의식과 모험심을 가르치기에 탁월합니다.

프로그램을 보면 처음에는 바쁘기만 했던 아빠와 서먹하고 어색하기만 했는데 어느새 아이들의 입에서 "아빠, 사랑해요. 아빠, 고마워요"라는 말이 흘러나옵니다. 이렇게 아빠와 친밀한 관계를 유지하며 자란 아이들은 아빠와의 대화가 자연스러워져서 훗날 질풍노도의 사춘기 시절이 와도 평탄하게 지낼 수 있습니다. "흥! 아빠가 언제 내 이야기를 들어준 적이나 있어요?"라는 가시 돋친 말이 아이의 입에서 나올 리가 없으니까요.

아빠의 육아 참여는 아이가 학교에서 적당한 사회성을 발휘할 수 있게 해주는 원동력입니다. 아빠가 지나치게 권위적이거나 칭찬보다 훈육을 많이 했다면, 그 아이는 성인 남자를 지나치게 두려워하는 경향을 보이기도 합니다. 특히 남자 담임선생님을 만나게 되면, 아이는 학교생활에서 편안함 대신 두려움을 느낍니다.

수학문제가 어려워 선생님께 손을 들고 질문해야 하는 상황인데도, 권위적인 아빠의 모습을 보고 자란 아이들은 쉽게 남자 담임선생님께 질문하지 못합니다. 선생님에게 도움이 필요한 긴박한 상황임에도 쉽게 입을 떼지 못하지요. 담임선생님에게서 아빠의 권위적인 모습이 보이기 때문입니다.

하지만 이와 반대로 아빠가 아이에게 사랑하는 마음을 자주 표현하고 놀아주는 시간이 많았던 아이는 전반적인 학교생활에 자신감을 보입니다. 아빠와의 추억이 많은 아이들은 위기극복 능력도 탁월합니다. 거침없이 벌레를 잡는 모습이나 전구를 갈아 끼워주는 모습, 엄마는 하지 못하는 못질을 척척 해내는 듬직한 아빠의 모습이 잠재적으로 아이의 문제해결 능력을 키워주는 셈이지요.

특히, 남자 어린이들은 확연히 아빠의 영향을 많이 받습니다. 수업시간에 거친 욕을 내뱉은 어린이에게 욕을 쓰지 말고 이야기하라고 지도했던 적이 있었습니다. 아이에게 "우리 민수 부모님은 민수가 이런 말을 쓰는 걸 원하지 않으실 거야"라고 말했는데, 아이에게 돌아온 답변은 놀라웠습니다. "저희 아빠도 욕 잘 써요. 남자는 욕도 좀 할 수 있어야 한대요!" 사람마다 중요하게 생각하는 가치는 다를 수 있습니다. 하지만 사회의 보편적인 가치를 우선적으로 잘 가르치는 것이 양육자가 해야 할 일이 아닐까요?

초등학교 입학준비는 주로 엄마가 전담하는 경우가 많습니다. 하지만 아빠도 아이와 함께 초등학교 입학에 관심을 가지고, 함께 준비하는 모습을 보여주면 아이는 무엇보다 든든한 자신감을 얻게 됩니다. 특히 환경변화에 낯설어하고, 적응기간이 오래 걸리는 아이들일수록 아빠의 도움이 더욱 필요합니다. 아빠에게서 얻은 자신감은 학교생활에서 유연한 사회성을 발휘할 수 있는 원천이 될 것입니다.

형제자매와 사이좋은 아이는 사회성이 남다르다

과제를 해결한 아이들에게 칭찬의 의미로 사탕을 나눠주는 일은 교실에서 흔합니다. 사탕을 나눠주면 신기하게도 받는 아이들마다 그 반응이 제각각이지요.

"선생님, 저 이 사탕 싫어해요. 포도 맛으로 바꿔주세요."

"아~ 이거 싫어요! 왜 쟤는 포도 맛 주고 저는 딸기 맛 줘요?"

"선생님, 선생님이 주신 이 사탕이요~ 제가 안 먹고 집에 가져가서 우리 동생한테 줄 거예요. 제 동생이 이 사탕 무지 좋아하거든요."

뾰로퉁하게 불평하는 아이들이 있는 반면, 동생에게 주겠다고 주머니 깊숙이 집어넣는 아이들도 있습니다. 아마도 후자는 가정에서 사랑을 많이 받고 자란 아이임이 틀림없습니다. 사랑을 받아본 아이가 사랑을 베풀 줄도 아는 법이니까요. 후자의 마음이 전자의 마음보다 예뻐 보이는 것은 어찌 보면 당연할 겁니다.

가정에서 형제자매와 사이좋게 지내는 아이들 대부분은 학교에서도 친구들과 사이좋게 지냅니다. 가정에서 형, 누나, 오빠, 언니, 동생들과 식사를 하고 대화를 나누며 놀이를 하면서 갈등 상황도 대면해 보고, 또 이를 해결해 보기도 하면서 친구들을 기분 좋게 대할 수 있는 적절한 방법을 자연스럽게 배우기 때문입니다.

가정에서 배운 관계 맺기의 중요성은 학교에서 사회성의 이름으로 그대로 발휘됩니다. 가정에서 나 혼자 텔레비전 채널을 독점하여 볼 수 없듯이, 교실 안에 있는 물건은 나만 쓰는 것이 아니라 함께 나눠 써야 한다는 것을 자연스럽게 알고 있습니다. 하고 싶은 말이 있다고 해서 그 말을 모두 내뱉으면 친구들이 상처받을 수 있다는 것도 가르쳐주지 않아도 알고 있지요.

외동아이라고 해서 모두 그릇된 사회성을 발휘한다고 생각하는 것은 편견입니다. 외동이기 때문에 더욱더 양보와 배려를 강조해서 가르쳤다는 학부모들도 많습니다. 이 경우에는 오히려 넓은 마음을 가진 아이의 모습으로 학교생활을 하기도 합니다. 따라서 외동인 자녀를 둔 부모는 아이에게 바람직한 친구 관계를 맺는 방법을 조금 더 세심히 지도할 필요가 있습니다.

다시 한번 강조하지만 문제집 한 장, 영어 한 단계 레벨업보다 학교생활에서 중요한 것은 '관계 맺기'라는 점을 명심해야 합니다. 만약 문제집 한 장, 영어 한 단계 레벨업이 더 중요한 가치라면 우리나라에 학원의 존재 가치는 있어도 학교의 존재 가치는 없을 테지요. 우리의 소중한 자녀를 왜 굳이 학교에 보내는지를 다시 한번 생각해 보세요. 학교는 공부만 하는 곳도, 학습만 하는 곳도, 지식만을 습득하는 곳도 아닙니다. 상호작용을 배울 수 있는 곳입니다. 함께 공유하고 사는 방법을 배울 수 있는 곳이 바로 학교입니다.

마음을 기꺼이 베푸는 아이

1학년 25명이 모여 있는 교실은 정말 시끌벅적합니다. "꺄르르" 하는 웃음소리도 여기저기에서 들리지만, 하루에도 여러 번 크고 작은 트러블이 일어났다 가라앉기를 반복합니다. 아이들은 원래

둘, 셋만 모여도 크고 작은 트러블이 생기곤 하지요. 하물며 25명
이 모인 교실이니 어떨지 상상이 되지요? 아이들은 아직 서로의 의
견과 감정을 전달하는 '의사소통 능력'이 완성되지 않은 상태이니
어쩌면 당연한 현상입니다. 게다가 아이들의 자라온 환경이 모두
다릅니다. 부모님의 양육 방식도 각기 다르고, 아이들이 타고난 기
질 또한 다르지요. 아직은 학습된 규칙보다는 내 안의 기질이 먼저
손을 뻗는 시기라서 아이들은 서로의 의사를 존중하기보다는 내
의사를 먼저 외칩니다.

　이러한 상황에서 내 마음을 기꺼이 베푸는 아이들은 유독 반짝
반짝 빛이 납니다. 미안한 상황에서는 미안한 마음을 기꺼이 표현
하고, 고마운 상황에서는 고마운 마음을 진실되게 말하는 아이들
은 아이들 사이에서도 돋보입니다.

　"선생님, 저 민수 엄마인데요. 다름이 아니라 부탁드릴 말씀이 있어
　서요. 우리 민수가 예원이랑 짝 하는 것을 너무 싫어해서요. 우리 민
　수는 어릴 적부터 많이 예민했던 아이라 예원이가 신경이 많이 쓰이
　나 봐요. 유치원에서도 같은 반이었는데 예원이 때문에 많이 속상해
　하더라고요. 그런데 이번에 또 같은 반이 되었어요. 선생님, 우리 아
　이는 정적이라서 차분하고 얌전한 스타일의 아이랑 잘 맞으니 참고
　하여 짝 정해주시길 부탁드려요."

학부모에게 듣는 가장 난감한 부탁 중 하나입니다. 이런 난감한 경우를 대비하여 저는 3월 중순에 있는 학부모총회 때 이런 부탁은 특별한 경우를 제외하고는 잘 들어드릴 수 없다고 정중하게 사전예고를 합니다.

아이가 학교생활을 한다는 것은 나 아닌 다른 사람과 어울리는 일종의 사회성 훈련입니다. 그렇기 때문에 차분한 성격의 아이와 짝을 해보는 것도 좋고, 활동적인 아이와 짝을 해보는 것도 좋습니다. 다소 산만한 아이와 짝을 해보는 것도 도움이 되고, 몸이 불편한 아이와 짝을 해보는 것도 그러합니다. 이렇게 다양한 성격의 아이와 짝을 하며 학교생활을 하다 보면, 세상에는 나와 다른 성격의 사람이 많다는 것을 아이가 알게 됩니다. 더불어 나의 생각이 무조건 옳은 것이 아니란 사실 또한 알게 되지요.

성격이 다른 아이와 짝을 하면 짝과 자주 다툰다고요? 맞습니다. 아무래도 트러블이 자주 생깁니다. 하지만 여러 아이와 짝을 하면서 생기는 갈등 상황을 극복하는 것 또한 배움의 과정입니다. 그러므로 정말 위급한 상황이 아니고서야 특정 아이를 짝꿍으로 피해달라는 부탁은 유감스럽게도 잘 들어줄 수 없는 것이 교사의 입장입니다.

자녀가 몸이 불편한 아이와 같은 반이 되더라도 걱정할 필요가 전혀 없습니다. 같은 반에 몸이 불편한 아이가 없을 때보다 훨씬 더 많은 것을 배우게 되기 때문입니다. 양보하고 도와주고 배려하며 베푸는 것이 얼마나 행복한 일인지 아이는 저절로 깨닫게 될 것입니다.

좋은 친구를 사귀라는 말 대신 좋은 친구가 되라고 말해준다

취학 전 아이는 유치원에 다니면서 또래 아이들과 관계를 맺게 됩니다. 유치원에 다니는 아이일지라도 호불호가 있는 법입니다. 나와 죽이 잘 맞는 친구가 있는 반면, 이야기가 잘 통하지 않는 친구도 있습니다.

> "엄마, 나 민수 싫어. 걔는 좀 이상해. 나는 지호하고만 놀고 싶단 말이야."

만약 아이가 이렇게 투정한다면 양육자는 어떤 반응을 보여야 할까요? "그래, 민수랑 놀지 말고, 지호랑 친하게 지내"라고 해야 할까요? 그렇지 않겠지요.

현명한 양육자는 아이로 하여금 다른 아이의 단점이 아닌 장점을 발견하도록 유도합니다. 그리고 칭찬할 점과 배울 점을 단 한 가지라도 말할 수 있게 하지요. 가장 가까운 어른이 사람에 대한 편견을 가르치면, 아이는 그 편견에 갇혀 친구와 순수한 관계를 맺을 수 없습니다.

'좋은 친구를 사귀어야 한다'라고 아이에게 강요하는 것은 사람에 대한 편견을 가르칠 수 있는 가장 좋은 방법이므로 절대적으로 피해야 합니다. 좋은 친구를 사귀어야 한다고 가르치는 대신에, 아이에게 좋은 친구가 되라고 가르치는 건 어떨까요?

좋은 친구가 되는 방법을 가르치는 일은 의외로 간단합니다. 좋은 친구가 되려면, 친구에게 마음을 많이 베풀 수 있어야 합니다. 즉 아이에게 베푸는 즐거움을 가르치는 것이지요.

베푸는 즐거움을 알려준다

아이가 돌이 지나면, 자아가 생기기 시작합니다. 이 시기의 아이들은 모든 물건이 자기 물건이라고 우기면서 타인이 그것을 건드리기만 해도 뒤집어질 듯이 웁니다. 그러다가 네다섯 살이 되면서 아이는 '내 것'이라며 우기는 것에서 벗어나서 '베푸는 것'의 즐거움을 알게 됩니다. 아침에 어린이집에 갈 때마다 집에 있는 과자를 가방에 모조리 쑤셔 넣기도 합니다. 왜 과자를 가방에 넣느냐고 물으면, 아이는 "내 친구들 나눠주려고!"라며 천진난만하게 말합니다. 아이는 비로소 나눔의 기쁨을 알게 된 것이지요.

아이가 더욱 자라면, 과자와 선물 등 '물질'을 나눠주면서 얻는 기쁨보다 '마음'을 나눠주며 얻는 기쁨을 알게 됩니다. 친구가 갈

등 상황에 있을 때 이를 기꺼이 해결해 준다거나, 도움이 필요한 친구를 도와준다거나, 블록을 함께 정리를 하면서 마음을 베푸는 행동을 보이지요. 마음을 기꺼이 베푸는 아이 주변에는 항상 친구가 많습니다. 친구가 많으니 마음을 베풀 줄 아는 아이의 사회성 또한 저절로 자랍니다.

아이가 아직도 베푸는 즐거움을 모른다면, 양육자는 아이에게 이를 적극적으로 알려주고 교육시킬 필요가 있습니다. 이를 가르치는 가장 좋은 방법은 양육자 자신이 직접 본보기가 되어주는 것입니다. 내 아이를 챙기듯이 남의 아이도 살뜰히 챙기고, 길을 가다 무거운 짐을 들고 가는 할머니를 도와주고, 몸이 불편한 사람을 도와주는 모습을 자주 아이에게 보여주도록 합니다. 시간은 오래 걸릴지 모르겠으나 아이 스스로 보고 배우기 때문에 가장 근본적이고 효과적인 방법입니다.

준비물을 잘 빌려주는 아이는 인기가 많다

1학년 1학기, 아이들의 소지품은 모두 새 것입니다. 부모님과 함께 초등학교 입학 기념으로 새로 산 물건들이지요. 따라서 아이들은 자기 물건에 대한 애착이 남다를 수밖에 없습니다.

"야! 왜 마음대로 내 크레파스 써? 내 크레파스 빨리 닳는단 말이야!"

"너 왜 준비물 안 챙겨왔어? 선생님이 신문지 가지고 오랬잖아. 너 이제 어떡할래?"

이런 대화가 자주 오갈 수밖에 없지요. 많은 아이들이 자신의 물건을 다른 사람에게 빌려주는 것이 익숙하지 않습니다. 유치원이나 어린이집에서는 준비물이 대부분 구비되어 있기 때문에 준비물을 다른 사람에게 빌려주어야 하는 상황이 많지 않습니다. 게다가 비교적 관심을 많이 받았던 시기여서 준비물을 빼놓고 등원하는 경우도 적고 누군가에게 준비물을 빌린 경험도 거의 없습니다.

선생님 민수야, 민수 신문지를 짝이랑 같이 나눠 쓸 수 있을까?
민수 ….
지수 선생님, 제가 신문지 5장 가져왔어요. 제가 빌려줄게요.
선생님 그래요. 그럼 지수가 빌려주세요.

준비물이 없는 친구에게 내 물건을 스스럼없이 빌려주고, 어떠한 대가를 받으려고 하지 않는 아이는 아이들에게 두터운 신망을 얻습니다. 반면 충분히 빌려줄 수 있는 상황임에도 나누어 쓰려고 하지 않는 아이는 자칫 욕심쟁이 이미지를 얻을 수도 있지요.
준비물을 빌려주는 상황만 있는 건 아닙니다. 내가 준비물을 빌려야 할 때도 있어요. 내 물건이 소중한 것처럼, 다른 사람의 물건도 소중한 것을 알고 물건을 쓸 때 주의를 기울이는 어린이, 또 빌려준 아이에게 고마운 마음을 잘 표현하는 어린이는 언제나 인기 만점입니다.

칭찬받고 자란 아이

이 세상에 칭찬을 싫어하는 아이가 있을까요? 아마도 그런 아이는 없을 것입니다. 칭찬은 고래까지도 춤추게 한다지 않습니까. 학교에서 아이들을 가르치는 저는, 아이들이 얼마나 칭찬에 목말라 하는지 잘 알고 있습니다.

"차렷~ '안녕하세요'로 인사하겠습니다. 선생님께 인사~!"
"안녕하세요~!"

수업을 시작하기 전, 저는 아이들 한 명씩 눈을 맞추며 인사를 합니다. 교탁 앞에 서서 우리 반 아이들 한 명 한 명을 살펴보면 아이들의 차렷 자세가 예사롭지 않습니다. 어떤 아이는 의자를 책상 쪽으로 바짝 끌어 앉아 허리를 곧게 펴고, 양손은 벌이 와서 윙윙

거려도 움직이지 않을 것처럼 부동의 차렷 자세를 취하고 있지요. 세상에서 제일 맑고 초롱초롱한 눈빛으로 선생님이 자신을 봐주기를 기다리면서 뚫어져라 보고 있답니다.

> "우와~ 우리 은수는 정말 바른 자세로 앉아 있구나. 다른 친구들도 은수처럼 허리를 펴고 선생님을 보며 바른 자세로 앉아보세요."

선생님이 자신을 칭찬하자 은수의 양쪽 입꼬리가 사르르 올라갑니다. 나머지 친구들도 이에 질세라 바른 자세로 고쳐 앉지요. 이때 교사가 다른 아이를 칭찬하지 않고 바로 다른 이야기로 넘어가면 칭찬을 받지 못한 아이들의 눈에는 실망감이 가득합니다. 이렇듯 귀여운 1학년 교실 내 칭찬 경쟁은 생각보다 치열합니다. 그래서 특히 1학년 교사는 가능한 한 모든 아이에게 골고루 칭찬해 주려 애쓰고 또 애쓰고 있지요. 하루에 한 번은 교사에게 칭찬받고 하교할 수 있도록 말이지요.

그런데 주목할 만한 점은 같은 칭찬을 하더라도 아이마다 칭찬의 효과는 다르게 나타난다는 점입니다. 칭찬의 효과가 차이나는 것은 왜일까요? 그것은 가정에서 칭찬을 받아보았던 아이와 그렇지 못했던 아이의 차이라고 할 수 있습니다.

아이마다 칭찬의 효과는 다르다

가정에서 칭찬을 많이 받고 자란 아이들은 칭찬의 효과를 이미 가정에서 누려보았습니다. 양육자가 훈육보다 칭찬을 많이 해주면, 아이는 그 칭찬에 부응하기 위해 칭찬받을 만한 행동을 더 자주 하게 됩니다. 그러면 양육자는 칭찬받을 행동을 자주 하는 아이에게 더 많은 칭찬을 하게 되겠지요. 칭찬의 선순환이 돌고 있는 것입니다.

양육자는 이러한 아이를 양육하는 것이 어렵지 않습니다. 이미 아이는 '칭찬의 선순환'이라는 열차를 탔으니까요. 따라서 가정에서부터 칭찬을 자주 받아온 아이는 학교에서도 선순환의 학교생활을 합니다.

선순환의 열차를 타고 있는 아이의 학교생활을 보여드리겠습니다. ① 교사는 아이에게 우연한 기회에 칭찬을 해줍니다. ② 이로 인해 아이는 더욱 바른 행동을 하려 합니다. ③ 아이가 바른 행동을 하려고 노력하는 모습은 교사로 하여금 또 칭찬을 하게 합니다. ④ 계속되는 칭찬으로 아이는 학교 오는 것이 즐거워집니다. 즐거운 마음으로 임하는 학교생활은 학업성적 향상에도 큰 영향을 미치게 되는 것입니다.

한편, 가정에서 충분한 칭찬을 받아보지 못했던 아이는 칭찬 대신 훈육을 주로 받았을 것입니다. 주로 훈육을 받고 자란 아이는 학교에서 교사가 칭찬을 해주어도 그것이 칭찬인지 잘 모릅니다. 칭찬을 받아도 그만, 안 받아도 그만인 것이지요. 그러니 칭찬의 효과가 나타날 리 없습니다.

물론 가정에서 충분한 칭찬을 받아보지 못한 아이가 교사의 칭찬에 마음이 움직이는 경우도 더러 있습니다. 이 경우 아이의 학교생활은 꽤 평탄하지만, 가정생활은 더욱 어려워집니다. 학부모상담에서 학부모님께 아이의 칭찬을 했더니, 학부모님은 가정과 학교생활이 너무 다르다며 하소연하는 경우가 있는데 바로 이 경우가 그렇습니다. 칭찬을 해주는 선생님이 있는 학교생활은 즐겁지만, 칭찬에 인색한 부모님이 있는 가정생활은 즐겁지 않기 때문에 그렇습니다.

칭찬은 칭찬을 부릅니다. 칭찬도 받아본 아이가 다시 받을 수 있는 것입니다. 게다가 취학 전 아동은 양육자에게 인정받고자 하는 욕구가 강합니다. 칭찬은 자녀를 인정해 주는 가장 좋은 방법입니다.

올바른 칭찬이 아이를 변화시킨다

같은 일을 칭찬하더라도 그 방법에 따라서 효과는 천차만별입니다. 칭찬하는 방법을 제대로 알고 있는 양육자는 얼마나 될까요? 칭찬에도 노하우가 있습니다.

칭찬 노하우 1

아이가 선천적으로 가지고 태어난 것을 칭찬하지 마세요.

"우리 은수는 눈이 참 예쁘다."
"우리 은수는 엄마 닮아서 키가 크구나?"
"우리 은수는 역시 머리가 좋단 말이야?"

위와 같은 칭찬은 아이의 노력으로 얻어진 것을 칭찬하는 게 아닙니다. 아이가 타고난 선천적인 부분을 칭찬하는 것이지요. 이러한 일차적인 칭찬은 7~8세 아이들에게는 적합하지 않습니다. 3~5세 아이들에게 어울리는 칭찬이지요.

취학을 앞둔 아이들에게는 굳이 노력하지 않아도 얻을 수 있는 것을 칭찬하기보다 아이가 한 노력의 대가를 칭찬해 주는 것이 훨씬 바람직합니다.

"우리 은수가 3시간 동안 집중을 하더니, 포기하지 않고 끝내 완성했구나. 정말 자랑스럽고 멋지다."
"우리 은수는 우유랑 멸치를 많이 먹어서 키가 많이 자랐구나. 정말 대단해!"
"어떻게 하면 우리 은수처럼 정리를 잘할 수 있지? 은수가 정리해

놓은 방을 보니 엄마 마음까지 깨끗해지는 것 같아."

노력의 과정을 인정해 주고 그에 따른 결과도 함께 칭찬해 주면, 아이는 노력의 힘을 믿고 더 노력할 수 있는 저력을 갖게 됩니다.

칭찬 노하우 2

칭찬할 때는 절대 과거의 실수나 잘못은 이야기하지 마세요.

"우리 은수, 오늘은 끝까지 퍼즐 다 했네? 너 어제는 끝까지 못 하고 그만뒀었잖아. 그런데 오늘은 어떻게 끝까지 다 했대? 어떻게 한 거야? 너무 잘했어!"

"우리 은수 정리 다 해놨구나? 잘했어. 이렇게 잘하면서 아까는 왜 그랬어?"

"우리 은수가 오늘 멸치를 정말 잘 먹네. 너무 예쁘다! 오늘처럼만 쭉 잘 먹으면 좋을 텐데…."

엄마는 분명 아이에게 칭찬을 해준 것입니다. 하지만 위 칭찬 메시지들은 무엇인가 2% 부족한 칭찬입니다. 이왕 칭찬을 해주리라 마음을 먹었다면, 화끈하게 칭찬만 해주어야 합니다.

아이가 범했던 지난날의 실수나 잘못은 다시 꺼낼 필요가 없습니다. 아이가 잘하고 있는 현재의 사실만 칭찬해 주고 넘어가도 충분합니다. 제발 반신반의하며 '얘가 대체 웬일이지? 오늘은 해가 서쪽에서 뜨려나?'라는 생각을 가지며 억지로 아이에게 칭찬하지 마세요. 그렇게 할 바에야 차라리 칭찬해 주지 않고 넘어가는 것이 더 나을 수도 있습니다.

칭찬 노하우 3

제3자에게 자녀를 칭찬하세요.

"어머니, 우리 지호는요. 얼마나 동생을 잘 돌보는지 몰라요. 지난번에는 지호가 제일 아끼는 인형을 동생에게 가지고 놀라면서 친절하게 양보도 하더라고요. 얼마나 마음이 착하고 예쁜지 몰라요. 어머니도 우리 지호 칭찬해 주세요. 너무 착하죠?"

어릴 적 제 어머니는 무뚝뚝하신 편이라 칭찬을 자주 해주시지 않았습니다. 그럼에도 제3자에게는 제 칭찬을 늘어놓으셨답니다. 지금 생각해 보니 어머니는 제가 듣고 있음을 알고 있었던 것 같습니다. 그래서 직접적인 칭찬 대신 간접적인 칭찬을 해주셨던 거죠. '엄마가 나를 믿고 있구나' 하는 생각에 더없이 기분이 좋았던 기억이 납니다.

제3자에게 자녀를 간접적으로 칭찬하는 것은 자녀에게 직접적으로 칭찬하는 것보다 의외로 큰 효과가 있습니다. 제3자 역시, 아이에게 같은 내용으로 칭찬을 해줄 수 있기 때문에 두 배의 효과가 있는 셈입니다.

칭찬 노하우 4

아이가 스스로 한 일은 그 자리에서 즉시 칭찬하세요.

"엄마! 이것 좀 보세요. 나 이거 만들었어요!"
"음, 그래? 잠깐만? 엄마 일 좀 하고 나중에 보고 칭찬해 줄게."
(몇 분 뒤) "우와~ 정말 잘 만들었다. 진짜 대단한걸?"

아이가 스스로 어떤 과업을 했을 경우에는 때를 놓치지 말고 그 자리에서 즉시 칭찬해 주어야 합니다. 이것은 아이의 자율성과 독립성을 높여주는 좋은 방법입니다. 아이는 혼자 과업을 해냈을 때 아주 큰 성취감과 만족감을 느낍니다. 이 성취감을 느끼고 있을 당시에 해준 칭찬은 그렇지 않을 때 해준 칭찬의 효과보다 훨씬 크다는 것을 명심해야 합니다. 시간이 흘러서 이미 아이의 마음속에 성취감이 사라진 뒤에 해주는 칭찬은 절반의 효과만 있을 뿐입니다.

칭찬 노하우 5

꾸중은 한 번만, 칭찬은 여러 번 하세요.

한 번의 잘못은 한 번의 꾸중으로 끝나야 합니다. 한 번의 잘못이 아이에게 주홍글씨가 되어 여러 사람에게 돌아가면서 꾸중을 받는다거나, 한 사람에게 지속적으로 그 일과 관련하여 꾸중을 받으면 아이는 그 잘못된 행동에서 벗어날 수가 없습니다. 순수한 우리 아이들은 자신이 저지른 잘못에서 얼른 벗어나고 싶어 합니다. 하나의 죄는 하나의 벌로 끝나야만 합니다.

하지만 칭찬의 경우는 꾸중의 경우와는 완전히 다릅니다. 칭찬은 여러 번 해도 그 의미가 그때그때 새롭기 때문이지요. 여러 사람에게 돌아가면서 받는 칭찬은 아이의 마음을 덩실덩실 춤추게 합니다. 칭찬받아 마땅한 행동은 수첩에 적어놓았다가 생각날 때마다 두고두고 계속해서 칭찬해 주면 좋습니다.

칭찬 노하우 6

칭찬을 하면서 물질적 보상을 함께 제공하지 마세요.

칭찬을 하면서 사탕과 같은 물질적 보상을 함께 제공하면, 칭찬의 내용은 아이 귀에 들어오지 않습니다. 아이의 귀는 닫히고 오로지 사탕을 먹을 생각에만 온 신경이 집중되어 버립니다.

칭찬하는 내용을 귀담아 듣고, 다음에 그와 같은 행동을 하는 데에 도움이 되어야 하는데, 사탕에만 정신이 집중되어 있으니 칭찬의 효과가 줄어들 수밖에 없겠지요. 또 칭찬할 때 계속해서 물질적 보상을 하게 되면, 그 물질적 보상이 아이에게 더이상 가치가 없을 경우 흥미를 잃게 되니 주의해야 합니다.

칭찬 스티커의 장단점을 알고 활용한다

대부분의 아이들은 칭찬 스티커에 관심이 많습니다. 자연스러운 현상이니 그다지 걱정할 필요는 없습니다. 칭찬 스티커와 같은 보상제도는 학습자의 외재적 동기를 자극시켜서 학습에 효과를 주도록 하는 외적 강화 시스템입니다. 물론 외부 수단이 아닌 내적인 순수한 동기로 인해서 학습에 잘 참여하는 것이 가장 좋겠지요. 하지만 이것은 참으로 어렵기 때문에(어른도 힘들지요) 학교와 가정에서 이런 보상 제도를 실시하는 것입니다.

아이가 지나치게 칭찬 스티커에 매달린다면 자연스러운 현상이므로 걱정할 필요는 없습니다. 하지만 칭찬 스티커를 얻으려고 선생님과 부모님, 친구들을 속이는 행동을 한다거나 잘못된 방법으로 부당하게 스티커를 얻으려고 한다면 문제가 있습니다. 이것은 분명히 잘못된 행위이므로 올바르게 바로 잡아주어야만 합니다. "아이라 뭘 몰라서 그래"라고 넘어갈 문제는 아닙니다.

꾀를 내어 부당하게 이득을 취하려고 하는 것은 정직하지 못한 행동이며 거짓말을 하여 칭찬 스티커 100장을 모으더라도 소용없다는 것을 알려주어야 합니다. 이것을 단호히 말해주면, 대부분의 1학년 아이들은 자신의 잘못을 쉽게 인정하고 받아들입니다.

반면 칭찬 스티커에 관심 자체가 없는 아이들도 있어요. 칭찬 스티커에 관심을 보이는 아이가 정상이고, 그렇지 않은 아이는 비정상이라는 생각은 완전히 잘못된 것입니다. 칭찬 스티커에 관심이 없는 아이들은 외재적 동기보다 내재적 동기를 훨씬 많이 가지고 있는 아이입니다. 굳이 외재적 동기가 충족되지 않아도, 정말 자기가 하고자 하는 내재적 동기만 충족이 된다면, 무엇을 해내는 데에는 거리낌이 없지요. 오히려 내재적 동기가 충만한 이 아이를 칭찬해주어야 합니다.

문제는 내재적 동기를 부모나 교사가 적당히 건드려주어야 한다는 것입니다. "우리 아이는 칭찬 스티커고 뭐고 관심이 없는 애야. 그냥 자기가 하고 싶은 것 할 수 있게 내버려두어야 해"라는 안일한 생각은 자칫 아이에게 독이 될 수 있습니다.

스티커 한 장으로 학습을 하고자 하는 동기가 생기는 아이들은 오히려 지도가 쉽습니다. 하지만 스티커 한 장이 아닌 고차원적인 마음속 동기를 건드려주는 것은 고도의 기술이 요구됩니다. 이를테면 "스티커를 많이 모았구나"라고 칭찬하는 게 아니라 완성된 과제의 질을 평가하여 칭찬합니다.

"와~ 오늘 쓴 일기에서 이 부분은 정말 잘 썼구나. 어떻게 이런 표현을 썼지? 대단한걸?"

"우리 민수는 하나를 하더라도 정말 똑 부러지게 한다니까?"

이렇게 칭찬하는 것이 좋지요. 즉 부모는 전문가가 되어 아이의 내재적 동기를 더욱 자극해 주어야 합니다. 그렇지 않으면 고학년으로 올라갔을 때 자칫 더 큰 문제가 생길 수 있어요. 이런 아이들은 스티커를 모으는 것에 관심이 전혀 없기 때문에 교사가 제시하는 어떤 학습도 하지 않으려는 태만한 모습을 보일 수 있습니다. 스티커를 모으지 않고 심지어 자신의 점수가 마이너스로 내려가도 "나 마이너스 200점이야. 나보다 낮은 사람 있어?"라고 이 상황을 오히려 자랑스럽게 여기는 최악의 경우가 생기기도 합니다. 따라서 칭찬 스티커를 대하는 아이의 성향을 잘 파악하고 효과적인 칭찬 도구로 활용하기 바랍니다.

고운 말을 쓰는 아이

"선생님! 지호가 열라 짜증나게 해서 열받아요! 맞짱 까고 싶어요!"

"야, 너 닥치라고! 조용히 하라고!"

놀랍지만 이런 말은 모두 요즘 1~2학년 아이들이 하는 말입니다. 최근 매체가 너무 다양하게 발달해서일까요? 아이들이 하는 말을 가만히 들어보면, 일부 철없는 어른이 내뱉는 저속한 말을 아무렇지도 않게 툭툭 내뱉는 경우가 종종 있습니다. 크라잉넛 노래 중에도 '닥쳐'라는 말이 나오고, 아이들이 너무나 좋아하는 윤종신의 노래 〈팥빙수〉에도 '열라'라는 말이 나오니 아이들이 그 말들을 모를 리가 없겠지요.

어른들이 즐겨 보는 SBS 〈런닝맨〉 같은 예능 프로그램은 아이들에게도 인기가 있는 프로그램입니다. 하지만 교사의 입장에서 보면 아이들이 배우지 않았으면 하는 말들이 여과 없이 전파를 탑니다. 매체를 통해 어른의 저속한 말을 접한 아이들은 그것이 어떤 의미인지도 모르고 아무렇게나 내뱉기 일쑤입니다. 따라서 부모는 이러한 매체의 접촉을 가능한 한 제한하는 것이 좋습니다. 피치 못할 상황이라면 그러한 매체를 아이 혼자 접하게 두어서는 절대 안 되며, 부모가 잘못된 부분을 바로잡아 주면서 함께 보는 시청 지도가 반드시 이루어져야 합니다.

매사 짜증이 섞인 말투로 이야기를 하는 아이가 있습니다. 단지 실수로 어깨를 스친 것뿐인데 "야~ 너 왜 그러는데! 정말 짜증나! 미안하다고도 안 하냐?"라고 말해서 교실 분위기를 냉랭하게 만들기도 하지요. 그리고 수시로 고자질을 하기도 합니다. 자신과는 전혀 관련이 없는 일인데도 굳이 선생님에게 고자질을 합니다. 이러한 아이들은 기질적으로 예민한 경우가 많습니다. 잘못된 일은 그대로 두고 보지 못하는 거죠. 하지만 기질이 그렇다고 해서 교육적 지도를 할 수 없는 것은 아닙니다. 그렇다면 취학 전, 가정에서 어떻게 지도하고 준비하면 좋을까요?

매직워드로 말한다

자칫 갈등이 깊어질 수 있는 상황에서 갈등을 해결해 줄 수 있는 마술과도 같은 힘을 가지고 있는 말이 있습니다. 상대방의 얼어 있는 마음을 눈 녹듯이 녹여줄 수 있도 있지요. 이런 말을 우리는 '매직워드(magic word)'라고 합니다.

"고마워."

"미안해."

"사랑해."

"넌 내게 특별해."

"내가 너와 함께해 줄게."

"네 말을 들어줄게."

매직워드를 아이에게 적어도 하루에 한 번씩 말해줍시다. 고맙다는 말을 들어본 아이만이 고맙다고 말할 수 있습니다. 미안하다는 말을 들어본 아이만이 미안하다는 말도 할 수 있고요. 100번 귀로 들으면, 1번 입으로 나온다고 합니다. 아이가 예민한 편일수록 더욱 많은 매직워드를 들려주어야 합니다.

아이가 욕했을 때 효과적으로 지도한다

1학년을 담임했을 때의 일화입니다. 근처 어린이대공원으로 현장체험학습을 다녀온 뒤, 아이에게 현장체험학습 때 기억에 남는 장면을 그림으로 그리라는 과제를 내주었습니다. 아이들은 저마다 기억에 남는 장면을 골라 그림을 그리기 시작했습니다. 다 된 작품을 검사하는데, 한 남자 아이의 그림에서 욕을 발견하였습니다. 그림 속에는 바이킹을 타고 있는 아이들의 모습과 함께 말풍선으로 "XX 재밌어"라고 쓰여 있었습니다. 욕을 할 줄 모르는 아이일 거라 생각해 왔기에 교사인 저도 적잖이 당황할 수밖에 없었습니다. 제 경우 아이들이 욕을 했을 때 이렇게 훈계하곤 합니다.

"선생님에게는 네 살 난 딸이 한 명 있어. 선생님이 딸을 임신하고 낳을 때 엄청나게 배가 많이 아팠지. 너무 아파서 엉엉 울었었단다. 낳는 것만 아픈 게 아니라, 키우는 것도 너무 힘들었어. 그런데 선생님이 딸을 키우면서 제일 기뻤던 날이 있었는데, 그날이 언제인지 아니? 처음으로 '엄마 사랑해요'라고 말했을 때야. 얼마나 기뻤는지 그날이 몇 월 며칠인지도 달력에 동그라미 쳐두었어. 아마 네 엄마도 네가 처음으로 '말'을 했을 때 정말 기쁘셨을 거야. 선생님처럼. 그리고 네 입에서 예쁜 말만 나오기를 바라고 기도하셨을 거야. 그런데 그 예쁜 말이 나오던 네 입에서 지금 '거지 같은 X'라는 무시무시한 말이 나와버렸어. 엄마, 아빠가 네 입에서 그런 나쁜 말이 나온 걸 알게 되면 기분이 어떠실까? 처음으로 말하던 날에 그렇게 기뻐하셨던 엄마, 아빠가 지금 이 사실을 알면 얼마나 속상하실까? 엄마, 아빠 마음을 조금이라도 생각한다면 이제 다시는 그와 비슷한 말조차 꺼내지 않을 거라고 선생님은 생각해. 선생님 말의 의미를 알겠니? 네 입이 아름답고 예쁜 말만 할 수 있도록 더욱 노력해야 해."

그렇다면 가정에서는 어떻게 지도하면 좋을까요? 무작정 화를 내지는 않되, 엄한 표정과 낮은 어투로 그 말이 주는 어감이 어떠한지를 알려주어야 합니다. 그리고 어떠한 상황에서 누구에게 언제 이 말을 들었는지를 먼저 물어야 합니다. 대부분 놀이터에서 만난 형이나 학원 등에서 들었다고 할 것입니다. 그런 다음 그 말을 내뱉었던 사람들의 모습이 어떠했는지 물어봅니다. 또 엄마, 아빠가 왜 그 말을 평소에 하지 않는지 설명해 줍니다. 마지막으로 그 말을 대체할 다른 말을 알려줍니다. 그리고 다시는 내뱉지 않을 것이라는 약속도 받아내야 하지요.

예의 바른 아이

인성교육의 중요성이야 아무리 강조해도 지나침이 없습니다. 사회가 불안정하고, 학교폭력 등 학교에서 일어나는 각종 사건 사고가 난무하면서 최근 인성교육의 적극적인 도입이 시급하다는 각종 설문 결과도 있습니다. 그 결과 2015년 7월 21일에는 '인성교육진흥법''이라는 것까지 생겨났을 정도입니다.

인성교육은 한 사람의 생각, 감정, 행동들을 더 좋은 가치로 향상시켜 바람직한 생활을 하게 함에 그 목적이 있는 것입니다. 그런데 인성교육의 가장 기본이 되는 뼈대는 무엇일까요? 바로 '예절'입니다. 우리가 마땅히 지켜야 할 기본적인 예절만 잘 지켜도, 별도의 인성교육은 필요하지 않을 정도입니다. 인성교육을 법으로까지 만들어놓아야 하는 시대인 것이 안타깝습니다.

•　　　인성교육진흥법은 「대한민국헌법」에 따른 인간으로서의 존엄과 가치를 보장하고 「교육기본법」에 따른 교육이념을 바탕으로 건전하고 올바른 인성(人性)을 갖춘 국민을 육성하여 국가사회의 발전에 이바지함을 목적으로 한다. "핵심 가치·덕목"을 목표로 꼽는데, 예(禮), 효(孝), 정직, 책임, 존중, 배려, 소통, 협동 등의 마음가짐이나 사람됨과 관련되는 핵심적인 가치 또는 덕목을 말한다.

나이가 적든 많든, 각자의 나이에 맞는 예절이 존재합니다. 예절을 잘 지키지 않는 사람은 나이가 많든 적든 좋은 인상을 남겨 호감을 사기 어렵겠지요. 많은 초등학교에서 빠지지 않는 교훈이 '예의 바른 어린이'인 것은 예절이 그만큼 중요한 것임을 암시합니다.

예절은 우리 일상생활 전반에 걸쳐 필요합니다. 학교에서도 마찬가지입니다. 학교에서도 선생님과 아이들에게 예절을 잘 지켜서 대하는 태도는 당연한 것이지만, 당연한 것임에도 아이들이 그것을 지키는 것을 어려워하는 경우가 있습니다. 따라서 초등학교 입학 전에 아이가 잘 지키고 있는 기본예절은 더욱 칭찬해 주고, 아이에게 부족한 부분은 바로잡을 수 있는 지도를 가정에서도 할 필요가 있습니다.

눈 마주치며 이야기하는 아이는 사랑스럽다

(수학익힘책을 교탁에 올려놓으며) "선생님, 수학익힘책 다 풀었어요."

"민수야, 이 문제는 말이야. 다시 풀어보면 좋겠어요. 민수가 실수한 것 같은데요?"

"…."

"민수야, 선생님 말 듣고 있나요? 선생님 보고 있나요?"

교실에서 이런 일은 생각보다 잦습니다. 분명히 선생님에게 볼

일이 있어서 선생님에게 스스로 온 것인데, 자신의 용건만 이야기하고 선생님의 피드백은 듣지 않는 아이들이 종종 있습니다. 선생님이 자신을 꾸중하는 이야기가 아닌데도 불구하고, 아이들은 몸은 선생님을 향해 있으나, 얼굴은 다른 쪽을 향해 있습니다. 눈을 마주치고 이야기를 해야 서로의 용건도 확실하게 전달하며, 감정을 나누는 커뮤니케이션이 가능한데, 선생님의 눈을 쳐다보지 않고 자신의 할 말만 하는 것입니다.

반면, 어떠한 이야기든 항상 선생님에게 눈과 귀를 열어서 올바르게 들을 자세가 되어 있는 아이들은 서로 간에 소통이 잘 되어 말이 잘 통하는 느낌입니다. 눈을 맞추며 이야기하는 아이들을 외면할 어른은 어디에도 없습니다.

인사 잘하는 아이가 사랑스럽다

"웃는 얼굴에 침 못 뱉는다."

"말 한 마디로 천 냥 빚 갚는다."

우리 속담 중에서도 이런 말이 있지요. 웃는 얼굴로 인사 한 마디를 상황에 맞게 할 수 있는 어린이는 여러 사람으로부터 호감을 얻습니다. 그만큼 인사는 예절의 기본입니다. 이렇게 중요한 인사이지만, 습관으로 형성되어 있지 않은 경우에는 상황에 맞는 적절한 인사를 건네는 것을 어려워하는 아이들도 많습니다.

1학년 학기 말, 그날은 여름방학을 하는 날이었습니다. 아이들에게 여름방학에 대한 여러 가지 이야기를 한 뒤, 마지막으로 생활통지표를 나눠주는 시간이 되었습니다. 출석번호 1번부터 한 명씩 이름을 호명하면, 호명된 아이는 교사 앞으로 나와 통지표를 받는 방식이었습니다. 25명 중, 두 손으로 통지표를 받았던 아이는 고작 6명이었고, "감사합니다" "고맙습니다"라고 인사를 했던 어린이는 4명뿐이었습니다.

자녀가 고마움을 말로 표현할 줄 아는 어린이로 자라고 있는지 잘 살펴보세요. 무엇이든 당연하게 받는 요즘 아이들에게 의외로 가장 부족한 것은 고마움을 표현하는 능력입니다.

인사에는 고마움을 표현하는 인사 말고도 식사 인사, 안부 인사 등 다양한 인사가 있습니다.

(급식실에서)

교사 1학년 4반 친구들, 모두 점심 맛있게 먹으세요~!

아이들 네~~~~.

(운동장에서)

아이들 어? 저기 우리 반 선생님이다!

(양손을 흔들며) 선생님~~~! 안녕~~~~~~~~~~~~!

교사   얘들아, 안녕? 주말 잘 보냈니?

얼핏 들으면 그다지 문제가 있는 대화는 아닙니다. 그러나 첫 번째 대화에서 "선생님, 잘 먹겠습니다! 선생님도 맛있게 드세요"라고 이야기해 주는 아이와 "네"라고 이야기하는 어린이의 인사예절은 확연히 다릅니다. 두 번째 대화에서도 선생님을 만난 반가움을 표현하는 방법으로 양손을 흔들며 "안녕~"이라고 말하는 어린이와 "선생님 안녕하세요~"라고 말하는 어린이의 인사예절도 확연히 다름을 느낄 수 있습니다.

부끄러움, 수줍음이 많은 성격 탓에 인사를 먼저 자신 있게 하지 못하는 아이들도 있답니다. 가정에서는 인사를 잘 하지 않는 자녀에게 어깨를 쿡쿡 찌르며 무작정 인사를 강요하는 것은 좋은 방법이 아닙니다.

친척   우리 지윤이, 다음에 또 만나자~!

아이   ….

엄마   지윤아, 우리 같이 "안녕히 계세요"로 인사드리자.

         하나~ 둘~ 셋!

아이와 엄마   안녕히 계세요.

이렇게 아이에게 구체적인 인사말을 제시해 주고, 엄마와 아이가 함께 인사하는 경험을 지속적으로 하는 것이 좋습니다.

선생님, 궁금해요

Q 예민한 아이, 학교에 잘 적응할 수 있을까요? 누군가가 자신을 스치고 지나가기만 해도 쉽게 짜증을 냅니다.

A 교실에서도 간혹 누군가 자신을 건드리고 지나가는 것을 유난히 싫어하는 아이들이 있습니다. 이 아이들은 크게 두 부류로 나뉩니다.

첫 번째는 다른 친구가 자신을 특별히 미워하거나 싫어하는 것이 아닌데 피해의식을 가지고 있는 아이들입니다. 아주 사소한 문제인데도 기분이 나쁘다며 친구를 혼내달라며 저에게 도움을 요청하지요. 이런 경우 교사는 참으로 난감합니다.

공동체 의식이 부족한 아이의 경우 이와 같은 상황을 이해하지 못합니다. 교실이라는 좁은 공간 안에 몇 십 명의 아이가 있다 보면 당연히 친구들끼리 부딪칠 수 있는데, 이와 같은 상황이 이해가 되지 않는 것입니다. 따라서 공동체 의식을 심어주는 활동이 아이에게 도움이 됩니다. 개인활동보다는 봉사활동이나 협동학습, 단체활동을 많이 해보세요. 학교라는 집단에서 공동체 생활을 하다 보면 자신의 생각이 틀릴 수 있음을 점차적으로 알게 됩니다. 자신이 어느 정도 이해하고 넘어가야 한다는 것을 인정하게 되지요.

두 번째는 단지 스킨십 자체가 싫은 아이들입니다. 선천적인 이유나 후

천적인 이유로 스킨십을 어색해하는 아이들이 있습니다. 가정에서 가족과 함께 잦은 스킨십을 하거나, 스킨십이 많이 이루어지는 스포츠를 배워보는 것이 도움이 됩니다.

이 두 가지 경우 모두 이유야 어찌됐건 친구들에게 사소한 것으로 짜증을 내기 때문에 사이좋게 지내기 어렵습니다. 단기적으로 이를 고치려 하지 말고, 장기적으로 점차 아이를 관찰하면서 아이가 공동체에 잘 적응할 수 있도록 도와줍니다.

Q   **마음이 약해서 눈물이 많은 아이, 괜찮을까요?**

A   걱정하실 필요가 전혀 없습니다. 대신 담임선생님과의 소통이 중요합니다. 아이의 성격을 담임선생님에게 미리 잘 전달하세요. 초등학교 1학년 담임선생님들은 교육의 전문가입니다. 상황에 맞게 아이를 잘 다독여 줄 겁니다.

학교에서 아이들은 공부도 하지만, 사회생활을 하는 법도 학습합니다. 가정에서는 울음으로 해결되었던 것들이 학교에서는 해결되지 않는다는 것을 아이 스스로 터득해 나가게 됩니다. 시간이 지나면서 자연스럽게 울음의 횟수가 줄어들 것이니 걱정하지 않아도 됩니다. 실제로 3월 한 달간 엄마가 보고 싶다고 교실에서 울던 아이도 2학년으로 진학할 때에는 씩씩해진 모습으로 변합니다. 그림 그리기 싫다고 울던 아이도 차차 적응합니다.

Q 생일이 12월 31일인 아이, 뒤처질까 봐 걱정이 돼요.

A 아이마다 다릅니다. 생일이 느리지만 빠르게 크는 아이도 있고, 생일이 빨라도 느리게 자라는 아이도 있습니다. 하지만 초등학교 저학년의 경우, 생일의 영향을 전혀 무시할 수는 없습니다. 어느 정도 영향을 미치는 것이 사실입니다. 생일이 빨라서 발달이 빠른 아이는 구사하는 어휘부터가 다릅니다. 뛰어다니는 모습도 다르지요. 1월 1일생 아이와 12월 31일생 아이는 사실 1년 차이가 나는 것과 다름없기 때문에, 생일이 느린 것 때문에 겪는 어려움이 어느 정도 발생할 수 있다는 사실을 인정하는 것이 편합니다.

하지만 이렇게 생일의 빠르고 느림으로 인한 차이는 초등학교 2~3학년이면 거의 없어지게 됩니다. 따라서 초등학교 1~2학년 때에 부모가 아이의 학교생활에 좀 더 관심을 가지고 보살펴준다면 충분히 괜찮습니다. 아이가 발달에 큰 지체를 보이지 않는 이상 학교를 유예하는 것은 매우 신중히 고려해야 합니다. 또래와 함께 학교에 다니며 생활하는 것 또한 아주 중요한 학습이지요. 오히려 중고등학생이 되어 감정이 민감해지는 시기가 왔을 때, 입학 유예로 인한 문제가 발생할 수도 있습니다. 따라서 여러 문제를 고려하여 신중히 결정하도록 합니다.

Q 무엇을 하든지 무기력한 아이, 어떻게 해야 할까요?

A 무기력한 아이는 평소에 유의미한 자극을 많이 받지 않아서 그러한 경우가 대부분입니다. 아이가 흥미를 끌 만한 무언가를 계속적으로 제공하고, 이것에 빠져들도록 도와주어야 하는데 이것이 거의 없었기 때문이지요. 교실에서도 아침 자습시간부터 엎드려 누워 있거나 힘이 없는 아이들이 가끔 있습니다. 무기력한 아이들을 좀 더 활기차게 해주려면, 부모와 교사의 노력이 몇 배로 더 필요합니다. 엄마의 목소리가 지나치게 중저음이라면, 일부러 높은 톤으로 말하여 아이의 귀를 자극한다거나, 엄마가 파이팅 넘치는 모습을 의도적으로 보여주어야만 아이도 그것을 보고 배웁니다. 아이의 흥미를 끌기 위한 새로운 자극을 찾아보세요. 그리고 많이 칭찬해 주세요. 단기적으로는 효과가 없을지 모르지만, 장기적인 관점에서 보았을 때에는 효과를 나타냅니다.

Q 선생님, 옆 반은 출석번호도 있고, 키 번호라는 것도 있어서 키가 작은 아이들이 앞에 서고, 키 큰 아이들이 뒤에 서던데요. 우리 반은 키 번호가 따로 없어요. 왜 그런 거죠?

A 네. 출석번호는 아이들의 성을 가나다순으로 나열한 번호입니다. 10여 년 전만 해도, 남자 출석번호가 1번부터 시작하고, 여자 출석번호는 50번부터 시작하는 등 남녀 어린이 따로 출석번호를 매겼는데 요즘에는 남녀 구분하지 않고 가나다순으로 나열하여 출석번호를 부여합니다. 일종의 학번이라고 생각하면 되겠습니다.

키 번호는 키 순서대로 아이들을 줄 세우는 것인데요. 요즘에는 키 번호를 따로 부여하지 않는 담임선생님들도 많으십니다. 키 순서대로 줄을 세우면 키 작은 아이가 키 큰 아이에게 가려지지 않으니, 선생님들이 학생들이 몇 명 모였는지 인원 파악이 쉽죠. 그런데 요즘엔 한 반당 인원이 그렇게 많지 않아서, 교사가 아이들의 인원을 파악하는 일이 옛날처럼 많이 힘든 일은 아닙니다. 또 아이들의 성장 속도가 각자 달라서 학년 초에 부여한 키 번호가 학년 말이 되면 뒤죽박죽이 되기도 하죠. 옆 반은 키 번호가 있어도, 우리 반은 없을 수 있습니다.

CHAPTER

3

교과 공부 준비는 부모 손에 달렸다

초등학교 입학을 앞둔 자녀의 부모가 가장 신경 쓰이는 부분이 바로 '교과 공부를 어느 정도 준비해서 학교에 보내나?'일 것입니다.

2017년 서울시교육청에서는 '안정과 성장의 맞춤 교육과정'이라는 이름으로 입학 전 아이들의 학습 부담이 줄어들 수 있도록, 초등학교 1~2학년의 교육과정을 개정했습니다. 쉬워졌다는 교육과정의 수준이 어느 정도인지 가늠이 안 되어 학부모들은 아이들의 학습 수준을 어디에 맞춰야 할지 혼란스럽기도 했었습니다.

2024년부터 2022 개정 교육과정이 1,2학년에 도입되었습니다. 다가오는 2025년에는 3, 4학년에 2022 개정 교육과정이 도입되며 교과서가 새롭게 바뀝니다(2026년에는 5, 6학년에 2022 개정 교육과정이 도입되겠지요?). 2024년, 2025년에 입학하는 어린이들은 막 개정된 교육과정을 처음으로 배우는 아이들입니다.

한글은 무조건 완벽히 떼어야 한다더라.

일기쓰기도 이미 시작해야 한다더라.

요즘 1학년은 띄어쓰기를 어른보다 더 잘한다더라.

미술활동이 많고, 대회도 많으니 미술학원을 보내야 한다더라.

태권도쯤은 해줘야 아이들 사이에서 약해 보이지 않는다더라.

수학도 어느 정도는 해야지 자신감 있게 수업에 참여한다더라.

연산은 기본이지, 사고력 수학도 당장 해야 한다더라.

책은 당연히 많이 읽어야 하고, 독후활동 대회가 많으니 연습해 둬야 한다더라.

영어는 3학년 때부터 배우지만, 그때까지 기다렸다 시작하는 애는 한 명도 없다더라.

계이름은 알고 있나? 악보는 볼 줄 알아야 음악시간에 수월하다더라.

등등….

'아이들은 무조건 놀아야 한다' '아이들에게는 놀이가 곧 학습이다'라는 철학으로 이제까지 중무장해 왔던 지난 7년의 세월이 야

속하기만 할 뿐이지요. 우리 아이는 이미 시작부터 뒤처져 있는, 꼴등 입학생이 될 것만 같아서 마음이 답답합니다. 대체 무엇부터 어떻게 시작해야 할지 감도 안 잡힙니다.

사실 어느 정도는 맞습니다. 학습 능력이 어느 정도 갖추어져 있어야 학교생활에 어려움이 없습니다. 그런데 실제로 어느 정도의 학습 능력을 갖추어야 학교에 입학해서 공부를 할 때에 불편함이 없는지를 모르는 부모들이 많습니다.

요즘에는 워낙 선행학습이 보편화되어 있어서 선행학습을 시키지 않는 부모는 아이를 방치하는 부모로 여겨지기도 하는 것이 현실입니다. 하지만 과유불급이라는 말이 있듯이, 지나쳐서 좋은 것은 없습니다. 필요 이상의 선행학습은 아이를 지치게 하는 지름길입니다. 하지만 알면서도 조바심이 납니다. 초등학교 입학을 앞둔 자녀가 있는 엄마의 마음은 대개 이렇습니다.

이런 엄마들의 불안 심리를 사교육 시장이 놓칠 리 없습니다. 사교육 시장도 이런 엄마들의 관심사에 맞게 그 시기의 트렌드에 맞춰 새로운 콘텐츠로 엄마들의 마음을 공략합니다. 심지어 돌이 지나지 않은 아기들까지도 사교육 시장의 주요 고객이 됩니다.

많은 엄마들이 초등학교 1학년 교과 공부를 준비하기 위해 아이에게 여러 학습지를 시킵니다. 다섯 살 미만의 어린아이일지라도 그 예외가 될 수는 없지요. 하지만 저는 개인적으로 '방문학습지'

를 추천하지 않습니다. 특히 다섯 살 미만의 아이들에게 방문학습지를 시키는 것에 강하게 반대하는 입장입니다.

제 딸아이가 36개월을 갓 넘겼을 시기에, 아파트 단지 내에 방문학습지를 광고하는 팀이 온 적이 있습니다. 한 권의 교재와 한 번의 강의를 무료로 제공해 준다기에 호기심으로 받아보았지요. 그리고 이 한 번의 강의로 저는 방문학습지를 최대한 미루기로 결심했습니다.

그 이유는 첫째, 방문학습지의 교재가 상당히 재미있다는 점입니다. 아이러니하게도 이것이 학습지를 늦추게 된 이유입니다. 방문학습지 교재에는 스티커도 아낌없이 붙여볼 수 있고, 아이가 좋아하는 예쁜 그림도 상당히 많았습니다. 아이에게 충분히 유의미한 자극이 되었죠. 하지만 아이가 이런 재미있는 교재에 길들여지면, 이것보다 더 재미있는 교재가 아닌 이상, 엄마가 제시하는 자극은 아이에게 더이상 유의미한 자극이 될 수 없습니다. 유의미한 자극이 있을 때 학습의 효과는 극대화되는 것입니다. 이러한 유의미한 자극을 엄마로부터 받는 게 아니라 학습지 교재에서 받는다면 앞으로 어떻게 될까요? 엄마가 아이의 학습 능력 향상에 도움을 줄 수 있는 것은 방문학습지를 계속 시켜주는 것 외에는 없게 되겠지요.

방문학습지를 추천하지 않는 두 번째 이유는 가르쳐주는 선생님

역시 너무 재미있게 알려준다는 점입니다. 학습지 교사가 아이와 학습하는 시간은 대략 15분이고 길어야 20분입니다. 한 명의 학습지 교사는 같은 동네에 있는 다른 집에도 방문합니다. 선생님의 방문을 원하는 시간대가 거의 비슷하기 때문에 정해진 시간 안에 정해진 진도를 나가야 합니다. 또 15분 동안 학습의 효율을 최대로 끌어올려야 합니다. 그래서 선생님은 굉장히 높은 톤을 유지해가며 아이의 관심을 끕니다. 아이는 선생님의 목소리와 행동에 반응하지 않을 수 없겠지요. 15분간 아이의 혼을 쏙 빼놓고 나서 선생님이 가고 나니, 아이는 어안이 벙벙한 듯, 한동안 정신을 차리지 못했습니다.

방문학습지 선생님의 재미있는 말과 표정, 또 각종 동기유발 도구들은 아이의 마음속에 장시간 남아 있습니다. 이러한 상황에 아이가 길들여지면, 엄마와의 공부를 당연히 꺼리게 되겠지요. 아무리 엄마가 재미있게 공부를 가르쳐주려 해도, 아이는 엄마보다 방문학습지 선생님과의 공부를 더 재미있다고 생각합니다. 심지어 엄마는 선생님이 아니기 때문에 자신에게 공부를 가르쳐줄 수 없다고 여기기도 합니다. 실제로 학부모들과 상담을 하다 보면, 방문학습지를 너무 일찍 시작해서 후회를 하는 분들이 많다는 것을 알게 됩니다.

초등학교 1~2학년의 공부는 부모가 충분히 지도할 수 있는 범

위 안에 있습니다. 군이 선행이 필요한 부분이 아니지요. 받아쓰기도 부모가 충분히 지도 가능한 분야입니다. 공부방 선생님의 도움을 받지 않아도 됩니다. 학교에 입학하여 간혹 아이가 따라가지 못하는 부분이 생긴다 할지라도 충분한 복습만 이루어진다면, 금방 극복할 수 있는 수준의 공부가 1~2학년 공부입니다. 방문학습지를 너무 일찍부터 시작하게 되면 부모가 충분히 해줄 수 있는 공부도 다른 사람의 손을 빌려야 합니다.

초등학교 1~2학년의 공부는 받아쓰기와 간단한 수 세기, 연산이 전부이고, 나머지는 주제 통합 공부를 하게 됩니다. 아이가 이러한 공부를 충분히 해낼 수 있도록 취학 전 준비할 수 있는 관련 능력들을 소개합니다.

국어 사용 능력 기르기

국어 교과는 모든 교과목의 기본이 되는 과목입니다. 어떤 현상을 이해하고 표현하는 데 국어 능력이 필수적으로 요구되기 때문이지요. 수학적 능력이 아무리 우수하다 하더라도 정작 국어를 잘하지 않으면 그 진가를 발휘하기 힘듭니다. 그만큼 국어 교과가 다른 교과에 미치는 영향력은 상당하고, 따라서 국어는 모든 교과의 기본이라고 할 수 있습니다.

특히 고학년으로 올라갈수록 단답형 평가 문항은 사라지고 서술형 평가 문항의 비율이 높아집니다. 따라서 내가 알고 있는 지식을 보기 좋게 서술할 수 있는 능력은 좋은 성적을 이끄는 힘이 되지요. 특히 요즘 우리 사회에서 대두되고 있는 논술과 토론 능력은 국어 사용 능력을 바탕으로 하고 있기 때문에 국어 교과의 중요성은 아무리 강조해도 넘치지 않습니다.

그러므로 초등학교 1학년 교사들은 국어 사용 능력을 갖춘 아이가 학교생활에도 성공을 한다고 말합니다. 모든 교과의 기본이 되는 국어, 초등학교 입학 전에 어느 정도로 준비해야 할까요?

한글은 적어도 50% 이상, 대략 80% 이상 깨치기

초등학교에 입학하자마자 3월 한 달을 아이들의 '학교 적응기간'이라고 부릅니다. 학교 안의 다양한 시설을 살펴보며 눈에 익히는 시기이기도 하지요. 아직은 낯선 학교를 따뜻하게 느낄 수 있도록 산책도 많이 하고, 즐거운 율동도 하면서 몸을 유연하게 합니다.

2016년까지만 해도 1학년 3월에는 한 달간 한글의 자음, 모음을 배웠습니다. 자음과 모음의 획순을 배우고, 바르게 쓰는 방법도 배웠지요. 2017년 교육과정이 개정되기 전에는, 초등학교 1학년에서 한글의 자음, 모음을 배우는 시기는 이 한 달뿐이라고 해도 과언이 아니었습니다. 물론 4월부터 배우기 시작할 국어 교과에서도 한글의 자음, 모음을 배우는 단원이 나오긴 했었습니다. 하지만 아이가 한글을 '전혀' 모르고 학교에 입학했다면 한 달 안에 자음, 모음을 깨치기란 쉽지 않은 일이었겠지요. 2017년부터는 국어 교육과정이 대폭 바뀌며 3월 한 달간 학교 적응에 힘쓸 수 있게 되었습니다. 한글을 완전히 떼고 오지 않아도 괜찮습니다.

초등학교 1학년 국어 교과서는 〈국어〉와 〈국어활동〉 이렇게 2권으로 구성되어 있습니다. 〈국어〉와 〈국어활동〉은 주 교과서와 보조 교과서라고 볼 수 있습니다. 〈국어〉는 학생의 편의를 위해 가 권, 나 권으로 분책되어 있어서 〈국어 1-1 가〉와 〈국어 1-1 나〉, 이렇게 두 권으로 나뉩니다. 〈국어활동〉은 〈국어〉의 보조 교과서로서 국어 교과서에서 공부한 것을 내면화하고 생활 속에서 실천하는 데 초점이 맞추어져 있어 가정에서도 충분히 활용이 가능합니다. 〈국어〉와 〈국어활동〉은 1년에 총 6권이며, 학기별로는 총 3권입니다.

〈말하기 듣기 쓰기〉와 〈읽기〉 교과서를 1년에 총 2권씩 배웠던 우리들의 어린 시절 때와는 많이 달라졌지요. 그만큼 국어가 중요하고 국어 교과서의 내용도 다양해졌다는 것을 알 수 있습니다.

교육과정이 개정되기 전인 2016년까지만 해도 초등학교 1학년 1학기 국어 교과서의 2단원에는 글자의 짜임을 알아보는 단원이 등장했었습니다. 당시에는 글자의 자음을 배우는 데 3차시, 모음을 배우는 데 2차시가 배당되어 있었고, 이를 배우고 난 뒤 할 수 있는 다양한 놀이가 4차시로 구성되어 있었습니다. 단 몇 시간의 학습으로 한글을 전혀 모르던 아이들이 자음, 모음을 깨치기란 어려웠겠죠.

당시의 국어과 교육과정 역시 '학생들이 입학 전에 한글을 익히고 왔더라도 정확한 지식을 가지고 기능을 수행하는지 교사가 미리 진단해야 함'을 단원 지도의 유의점으로 삼고 있었습니다. 아이들이 이미 한글을 모두 익혔다는 것을 전제로 하고 국어과 교육과정이 구성된 것이었지요. 국어 교과서에 한글 자음, 모음을 배우는 단원이 등장하지만 이는 '진단'의 의미가 많고, 잘못된 사용을 바로잡아 주라는 형태의 공부였습니다.

하지만, 2017년 '2015 개정 교육과정'으로 개정되면서 초등학교 1학년 국어 교과서의 내용이 대폭 달라졌습니다. 그리고 2024년에 새로운 교육과정인 '2022 교육과정'이 도입되면서 또 한 번 변화를 맞이하게 되었습니다. 2022년 개정교육과정에 따르면 1~2학년 국어과의 기준수업시수는 482차시로 2015 개정 교육과정 대비 무려 34차시가 증가했습니다. 이렇게 증가한 34차시는 1학년 1학기에 한글 학습 단원으로 구성되었습니다. 한글을 모르고 초등학교에 입학한 아이의 학습 부담은 그만큼 경감되겠지요? 한글을 배우는 데에 꽤 많은 차시가 확보되어 있으니, 한글을 미해득한 상태인 아이들도 어느 정도 자음, 모음 감각이 있다면 국어 교과서를 통해서 충분히 한글을 해득할 수 있습니다. 그러나 ㄱ(기역), ㄴ(니은)… ㅏ(아), ㅑ(야), ㅓ(어)… 등 기본 자음, 모음을 전혀 모르는 상태라면 어려움을 겪을 수 있습니다. 따라서 한글을 전혀 모르는 아이라면, 최소 50%는 읽을 줄 아는 상태를 갖추기를 권장합니다. 이는 아기, 사자, 오이 등 받침이 없는 간단한 낱말을 읽을 수 있는 수준을 말합니다.

사실 교육과정이 바뀌었다고 해도, 어느 정도 한글을 읽을 수 있는 능력을 취학 전에 갖추는 것이 1학년 1학기 학교 적응에 큰 도움이 됩니다. 한글을 100% 떼지 않더라도 어느 정도 읽을 줄 알아야 하고, 모르는 글자는 추측하여 대충이라도 비슷한 발음으로 읽을 수 있으면 여러모로 학교생활에 적응하기 쉽습니다. 그만큼 실수도 줄어들지요. 무엇보다 한글을 떼고 학교에 오면, 1학년 1학기 국어 시간에 아이가 자신감을 가지고 수업에 참여하게 됩니다.

제가 운영하고 있는 블로그를 통해 간혹 "일곱 살인데 아이가 한글을 전혀 읽지 못해요. 어떻게 시작해야 할지 모르겠어요"라고 질문을 하는 학부모들이 있습니다. 즉 한글을 어떻게 가르쳐야 할지 모르겠다는 것인데, 한글 깨치기의 시작은 '통글자로 외우기'입니다. 한글을 처음 공부하는 아이들은 'ㄱ'과 'ㅏ'가 만나면 '가'가 되는 글자의 짜임을 절대 이해하지 못합니다. 따라서 주변 생활의 사물을 그냥 통째로 글자를 알려주고 외우게 하세요. 아이가 외우려면 노출을 많이 시켜주어야 하겠지요? 외운 글자의 개수가 많아졌을 때, 아이들은 글자의 짜임이 어느 정도 이해가 되기 시작합니다. 글자의 짜임을 이해하기만 하면, 한글 깨치기는 식은 죽 먹기가 됩니다.

일단 집안 곳곳에 있는 가구나 물건 등에 한글 이름표를 붙여주세요. 이때 이름표의 글자체는 최대한 꾸며지지 않은 간결한 것(돋움, 굴림, 궁서체 등)이 좋습니다.

어느 정도 아이가 외운 통글자 수가 많아지면, 이제는 자음과 모음을 가르쳐도 좋습니다. 시중에 자음과 모음을 집에서 지도할 수 있는 워크북이 많습니다. 그중에서『한 권으로 끝내는 한글 떼기』(카시오페아)를 추천합니다. 다만, 아이가 통글자를 많이 알고 있는 상태에서 시작해야 한다는 것을 명심하세요.

1학년 1학기 단원명	활동내용
한글놀이	• 선 긋기, 선 잇기, 색칠하기, ○표하기
글자를 만들어요	• 자음자, 모음자 찾기 • 글자의 짜임 알기 • 받침 없는 글자 읽고 쓰기
받침이 있는 글자를 읽어요	• 받침이 있는 글자 읽기 • 바른 자세로 발표하기 • 받침 넣어 낱말 완성하기
낱말과 친해져요	• 받침이 있는 글자 쓰기 • 쌍자음 알기
여러 가지 낱말을 익혀요	• 나와 가족에 대한 낱말 배우기 • 학교와 이웃에 대한 낱말 배우기
반갑게 인사해요	• 인사말 읽고 쓰기 • 글자와 소리가 다른 낱말을 찾아보기
또박또박 읽어요	• 그림을 보고 문장 만들기 • 문장부호 쓰임 알기 • 자연스럽게 문장 읽기
알맞은 낱말을 찾아요	• 쌍받침 익히기 • 재미있게 읽은 책에 대해 말하기

1학년 2학기 단원명	활동내용
선생님과 둘이서 낱말 읽기	• 1학기 복습
기분을 말해요	• 흉내 내는 말 배우기 • 기분을 나타내는 말을 이용해 쓰기
낱말을 정확하게 읽어요	• 받침에 자음자가 두 개인 글자 (겹받침) 익히기

그림일기를 써요	• 기억에 남는 일을 문장으로 쓰기
감동을 나누어요	• 이야기를 읽고 일어난 순서대로 정리하기 • 만화영화보고 감동적인 장면에 대해 나누기
생각을 키워요	• 글을 읽고 내 생각 쓰기
문장을 읽고 써요	• 시를 읽고 내 생각을 문장으로 쓰기 • 자연스럽게 띄어 읽기
무엇이 중요할까요?	• 글을 읽고 새롭게 안 점을 말하기 • 겪은 일이 잘 드러나는 글쓰기
느끼고 표현해요	• 시 낭송하기 • 이야기 읽고 느낌 나누기

부모가 직접 책을 읽어주기

초등학교 1학년 아이들이 간혹 이런 말을 하곤 합니다.

"선생님, 저는 한글 배우기가 정말 싫어요. 엄마는 내가 한글 다 안
다고 이제 책 안 읽어준단 말이에요. 이제 스스로 읽으래요."
"선생님, 엄마들끼리는 모여서 수다 떨면서요~ 우리 보고는 책 읽
으래요."

참 당돌하지만 귀엽지요?

양육자는 아이가 한글을 떼기 전까지 정말 무수히도 많은 책을
아이에게 읽어줍니다. 이미 많이 읽었던 책이라도 아이가 좋아한

다면, 책의 모서리가 닳도록 기꺼이 읽어주지요. 사랑스러운 아이를 자신의 무릎에 앉히고 세상에서 가장 아름답고 따뜻한 목소리로 최선을 다해 읽어주던 기억이 분명 있을 겁니다. 아이에게도 엄마, 아빠와 함께했던 따뜻한 기억은 오래도록 지워지지 않고 남아 있습니다. 어떤 아이는 엄마가 책을 읽어주지 않아서 한글이 싫다고 할 정도니까요.

아이가 한글을 떼기 시작하면 양육자가 아이에게 책을 읽으라고 권유하는 횟수는 늘어나고, 양육자가 아이에게 직접 책을 읽어주는 횟수는 점차 줄게 됩니다. 어쩌면 아이가 한글을 뗐을 때 "와, 드디어 아이에게 책을 읽어주어야 하는 의무에서 벗어났구나!"라고 환호성을 질렀을지도 모르지요.

책을 직접 읽어주는 것은 생각보다 교육적 효과가 큽니다. 책을 직접 읽어주는 것은 단순히 읽어주는 것 이상의 의미를 내포합니다. "이 책에서 엄마가 주인공을 사랑하는 것처럼 엄마도 널 사랑해"라고 말하며 엄마가 아이에게 사랑을 표현할 수 있는 기회가 생기기도 하고, "넌 주인공의 행동을 어떻게 생각해?"라고 물으면서 아이의 마음속 생각을 살짝 들춰볼 수도 있습니다.

한글을 뗀 아이에게 책을 읽어줄 때는 그냥 무작정 줄줄 읽어주는 것은 별 의미가 없습니다. 종종 낱말의 뜻을 설명하도록 유도하면서 책을 읽어주면 어휘력 향상에도 도움이 됩니다.

"화가 난 토끼는 심술쟁이 코끼리에게 껑충껑충 달려갔어요. 토끼가 코끼리한테 껑충껑충 달려갔다고 그러는데, '껑충껑충'이 뭘까? 어떻게 뛰는 게 껑충껑충 뛰는 거야?"

"껑충껑충이 뭘까?"라고 엄마가 물으면 아이들은 "껑충껑충 뛰는 거요!"라고 대답합니다. 이런 답은 일종의 "1 더하기 1은 1 더하기 1이에요"와 같은 종류입니다.

어떤 아이는 두 손을 머리에 대고 직접 뛰어보면서 "엄마! 이렇게 뛰는 게 껑충껑충 뛰는 거예요"라고 귀엽게 몸으로 대신 대답하기도 합니다. 엄마는 칭찬을 해주며 "맞아. 그게 껑충껑충이야. 껑충껑충은 다리를 모으고 위로 힘차게 뛰어오르는 거야"라고 풀어서 낱말의 뜻을 이야기해 주는 것이 좋습니다. 이런 방식으로 책을 읽어주면서 낱말의 뜻을 함께 알려주면, 아이의 어휘력이 좋아지고, 낱말을 설명하는 능력도 눈에 띄게 향상됩니다.

즉 'A는 A다'라고 말하지 않고 'A는 B, C, D다'라고 아이가 말할 수 있게 유도해 주는 것이 어휘력, 표현력 향상에 좋습니다.

또 부모가 책을 읽어줄 때에는 문장부호에 유의해서 느낌을 잘 살려 읽어주면 더욱 좋습니다. 물음표, 느낌표를 어떻게 읽어야 하는지 따로 말해주지 않아도 습득할 수 있기 때문이지요. 띄어쓰기가 된 부분도 잘 살려 읽어주면, 입학 후에 많은 도움이 된답니다.

많은 학부모님들이 자신의 자녀가 책을 좋아하지 않는다고 하소연합니다. 책을 좋아하는 아이로 키우려면, 일단 책을 장난감 삼아 놀 줄 알아야 합니다. 독서는 눈으로만 글을 읽는 시각활동이 아닙니다. 책으로 탑도 쌓아보고, 길도 만들어 보면서 책을 가지고 노는 것도 독서활동의 일종입니다. 자녀와 함께 책으로 많이 놀아주세요. 그리고 자연스럽게 그중 한 권을 아주 즐겁게 읽어주세요. 아이는 즐거운 분위기 속에서 들리는 엄마의 낭랑한 목소리에 책이 좋아집니다. 하루에 단 한 권도 좋아요. 단 한 권을 읽어주더라도 좋으니 즐거운 분위기를 조성한 후에 읽어주세요. 아이가 책을 좋아하게 만드는 방법입니다. 미취학·취학 아이들에게 반드시 읽어주어야 할 책, 아이와 이야기 나누면 좋은 책들을 『듣는 독서로 완성하는 아이의 공부 내공』에 실어 놓았습니다.

···

　책을 대신 읽어주는 어플도 나와 있는 세상입니다. 하지만 그것을 독서라고 부르기에는 무리가 있습니다. 손으로 책장을 넘길 때 나는 소리, 그리고 그때의 촉감, 그러다 보면 어느새 빠져드는 책의 스토리… 그것이 독서입니다. 책에 빠져들 때 아이의 엉덩이가 무거워집니다. 아이의 집중력을 키우기 위해 엉덩이를 무겁게 해야 한다며 국어 학습지를 시키는 것보다 훨씬 좋은 방법은 바로 빠져드는 독서입니다.

앞서 자기주도적인 아이에 대한 이야기를 하면서 '초인지능력'에 대해서 언급했었습니다. 독서가 바로 이 '초인지능력'을 신장시켜주기도 합니다. 책에 나와 있는 여러 상황을 인식하고, 주인공이 그 상황에서 어떤 방식으로 문제를 해결해 나가는지를 보면서 아이들은 간접적으로 초인지 전략을 습득하게 됩니다. 특히 부모님과 함께 책을 읽는 것은 책 속 사건을 바라보는 눈을 좀 더 깊게 합니다. 혼자 읽을 때보다 부모와 함께 읽을 때, 좀 더 넓은 시각으로 책을 읽을 수 있기 때문입니다. 책의 내용을 내가 잘 이해하고 있는지의 여부를 확인하는 것 또한 초인지능력을 적극 신장시키는 방법입니다. 그러므로 책을 스스로 읽는 것을 좋아하는 아이라고 하더라도 엄마, 아빠가 읽어주며 책과 관련된 대화를 나누는 시간을 가지는 것은 정말 중요합니다.

많은 대화 나누기

국어 사용 능력은 크게 '유창성'과 '정확성'으로 그 분야를 나눌 수 있습니다. 그중에서 유창성은 직접 생활 속에서 말을 하면서 발휘되는 능력입니다. 자신보다 나이가 많은 사람과 대화를 나누는 것은 바로 유창성 향상에 큰 도움이 됩니다. 대개 둘째 아이가 첫째 아이보다 말을 빨리 배우는 것만 봐도 알 수 있습니다. 따라서 아이가 유창하게 말을 잘할 수 있도록 부모는 대화를 많이 나눠야 합니다.

유치원에서 무엇을 했느냐는 양육자의 물음에 아이는 유치원에서의 하루 일과를 간략하게 정리해서 말하는 능력이 키워집니다. 이것은 입학 후 일기를 쓰는 기본 과정이기도 하지요. 그 상황에서 기분이 어땠냐는 물음에 아이는 자신의 기분을 조금 더 명확히 표현할 수 있는 낱말을 찾는 노력을 해야 합니다. 이 과정에서 아이의 어휘력이 신장될 수 있습니다. 물론 어떤 아이는 양육자가 묻지 않아도 유치원에서 있었던 일을 술술 말합니다. 그런데 우리 집 자녀는 물어도 "몰라요"라는 퉁명스럽고 투박한 대답이 돌아올 수도 있습니다. 그래도 너무 실망하지 마세요. 점점 능수능란해집니다.

아이와 대화를 할 때는 그냥 대화하는 것이 아니라, 말끝을 흐리지 않고 또박또박 말할 수 있도록 지도하면 좋습니다. 이는 초등학교 1학년 2학기 1단원 '기분을 말해요'와도 연계되기 때문입니다. 이 단원에서는 여러 사람 앞에서 자신 있게 말하는 방법에 대해서 배웁니다.

한편 아이들 중에는 말끝을 자주 흐려 말하는 어린이도 있습니다. 말끝을 흐지부지 말하는 것이 습관이 되면 학교생활을 할 때

곤란한 상황이 많이 생깁니다. 어른에게 반말을 하는 아이로 오해 받기 쉽고 자신의 요구사항을 제대로 전달하지 못하니 의사소통에 장애가 생깁니다. 따라서 아래와 같이 지나치게 친절한 엄마의 모습은 언어 유창성 향상에 큰 도움이 되지 않습니다.

"엄마, 나 햄버거….."
"아, 햄버거 먹고 싶다고? 엄마가 이따가 사줄게."

대화할 주제가 특별히 없을 때에는, 아래의 대화처럼 아이와 스무고개를 하면서 대화를 하는 것도 어휘력, 표현력 향상에 아주 좋습니다.

"엄마, 그건 살아 있는 것인가요?"
"엄마, 그것은 먹을 수 있나요?"
"엄마, 그건 다리가 있나요? 있다면 몇 개가 있나요?"
"엄마, 색깔은 하얀 색인가요?"
"엄마, 그것은 당근을 좋아하나요?"
"엄마, 그것은 손가락이 다섯 개인가요?"
"엄마, 그것은 동물원에 가면 볼 수 있나요?"
"엄마, 그것은 세 글자인가요?"

"엄마, 그것은 제가 좋아하는 동물인가요?"

"엄마, 그것은 몸에 무늬가 있나요?"

"엄마, 그것은 새끼를 낳나요?"

양육자가 생각하고 있는 하나의 낱말을 알아내기 위해서 아이는 스무 개에 가까운 문장을 만들어야 합니다. 하나의 낱말을 표현하기 위한 스무 개의 문장을 만드는 것은 생각보다 어렵습니다. 이 어려운 과정을 거쳐야 하는 스무고개는 아이의 문장력과 표현력 향상에 큰 도움을 줍니다.

끝말잇기를 하는 것도 아이와 유의미한 대화를 나눌 수 있는 좋은 방법입니다. 끝말잇기를 하는 도중에 양육자가 의도적으로 아이가 모르는 낱말을 이야기하면, 아이는 그 낱말의 뜻을 궁금하게 여기게 되겠지요. 이때 양육자는 이에 대한 설명을 해주면서 아이의 어휘력이 향상될 수 있도록 합니다.

또 각종 이름 대기 놀이도 어휘력 향상에 도움이 많이 됩니다. 나라 이름 대기, 꽃 이름 대기, 과일 이름 대기, 나무 이름 대기, 부엌에 있는 도구 이름 대기, 시장에 가면 볼 수 있는 것 이름 대기 등 주제는 참 많습니다. 여러 가지 사물의 명칭을 이야기하면서 아이들은 사고의 폭을 넓힐 수 있습니다.

그림책 허락하기

글을 깨치지 않았거나, 글을 막 깨친 어린아이가 보는 게 그림책이라고 생각하는 사람들이 있습니다. 하지만 이는 잘못된 생각입니다. 책에 담긴 글이 적다고 해서 그것에 담긴 의미가 없거나 진지하지 않은 것은 결코 아니기 때문이지요. 그림책은 읽는 사람의 나이, 성별과 관계가 없습니다. 특히 그림책은 자연, 인성, 수학, 과학 등 분야가 다양하기 때문에 여러 분야의 그림책을 읽은 아이들은 훗날 여러 영역의 책을 이해하고 받아들기가 쉽습니다.

아이가 그림책만 읽는다고 걱정할 필요는 없습니다. 아이는 스스로 자신이 읽을 책을 고를 권리가 있으니까요. 아이가 글 대신 그림으로 무한한 상상력을 펼칠 수 있다는 사실을 잊지 말아야 합니다.

그림책은 아이들의 호기심을 충족시켜 주는 훌륭한 매체입니다. 요즘에는 워낙 다양한 매체가 발달하여 아이들이 굳이 책을 보지 않아도 그 호기심을 충족시킬 수 있습니다. 하지만 텔레비전과 같은 영상 매체보다 책을 통한 호기심 충족이 더 낫습니다. 훗날 책을 가까이하며 지낼 수 있는 습관과 미술적인 감각을 길러주기 때문이지요.

아이와 함께 그림책을 고른 뒤, 책을 펼치기 전에 표지를 보고 책의 내용을 추측하게 하거나, 책을 읽으며 책 속 등장인물의 표정을 주의 깊게 살필 수 있도록 도와줍시다. 그림책과의 이러한 교감은 국어 사용 능력을 향상시켜 주는 비결입니다.

자녀가 그림책을 비롯해서 1학년 수준에 맞지 않는 너무 쉬운 책만 많이 읽는 것 같다며 고민하시는 학부모님들도 계십니다. 하지만 쉬운 책을 읽는 것은 책 읽는 즐거움을 알게 해줄 첫 번째 단계입니다. 쉬운 책을 아이들에게 주었을 때, 아이들의 몰입도는 가장 높습니다. 쉬운 책이니 책장을 넘기는 것이 부담스럽지 않습니다. 아이들은 책을 읽고 또 읽고, 읽은 책을 쌓아가며 독서에 집중할 수 있는 것입니다. 책 읽는 습관이 덜 형성되어 있는 아이일수록 쉬운 책을 많이 읽어야 합니다.

요즘 서점에 가보면, 어린아이들이 독서 후 활동을 집에서도 할 수 있게 독후활동 교재들이 많이 나와 있습니다. 책을 좋아하고 표현하는 것을 즐기는 아이들에게 안성맞춤이지요. 하지만 책을 좋아하지 않는 아이에게 독후활동은 자칫 부담스러운 과제가 될 수 있으니 주의를 기울여야 합니다. 초등학교 아이들 대부분이 '책을 읽는 것=독후활동'이라고 생각해서, 책 한 권을 끝까지 읽는 것에 부담을 느낍니다. 책을 읽고 나서 반드시 그림을 그리거나 감상문을 써야 한다는 생각에 오히려 독서에 거부감을 느끼는 것이지요.

오랜 시간 아이들을 가르치며 독서 교육에 공헌했던 프랑스 작가 다니엘 페나크는 자신의 책 『소설처럼』에서 이 세상의 모든 독자에게는 침해당할 수 없는 다음과 같은 권리가 있다고 말했습니다.

첫째, 책을 읽지 않을 권리

둘째, 건너뛰며 읽을 권리

셋째, 책을 끝까지 읽지 않을 권리

넷째, 책을 다시 읽을 권리

다섯째, 아무 책이나 읽을 권리

여섯째, 보바리즘을 누릴 권리

일곱째, 아무데서나 읽을 권리

여덟째, 군데군데 골라 읽을 권리

아홉째, 소리 내어서 읽을 권리

열째, 읽고 나서 아무 말도 하지 않을 권리

우리 아이들에게도 읽고 나서 아무 말도 하지 않을 권리가 있습니다. 가장 기억에 남는 장면을 마음속에 혼자만 간직할 권리가 있지요. 그러므로 때로는 "제일 기억에 남는 장면이 뭐였어?"라고 엄마가 묻지 않고, 아이가 먼저 이야기할 때까지 기다려 주도록 합니다.

가끔 아이가 만화책만 본다고 걱정하는 부모가 있습니다. 아이가 만화책을 좋아하는 것에는 여러 이유가 있습니다. 글자에 대한 거부감이 있을 수도 있고, 어휘력이 부족해서 만화책을 선호하는 경우도 있어요. 그림 자체를 좋아해서 만화책을 좋아하는 아이도 있습니다. 만화책을 좋아하는 이유가 무엇인지 잘 판단하는 것이 중요합니다.

만약 글자에 대한 거부감 때문에 만화책을 좋아하는 것이라면, 만화책을 못 보게 하기보다 오히려 만화책을 조금 더 읽히면서, 글이 적은 그림책을 소리 내어 읽는 연습을 병행하는 것이 좋습니다. 만약 어휘력이 부족하여 만화책을 좋아하는 것이라면, 수준에 맞는 어휘를 보다 적극적으로 신경 써서 공부해야 합니다. 만약 그림 자체를 좋아하여 만화책을 좋아하는 것이라면, 크게 걱정할 필요는 없습니다. 다만 만화책만 집중하여 읽는 것이 습관으로 굳어질 수 있기 때문에 일주일에 몇 권씩 읽기로 정하는 등 규칙을 서로 정하면 좋습니다. 요즘에는 학습만화의 종류도 많고, 수준도 높습니다. 만화책이라고 모두 깊이가 얕지는 않습니다.

글자 없는 그림책	• 『누누 똥 쌌어?』 (이서우, 북극곰, 2020) • 『세상에서 가장 용감한 소녀』 (매튜 코델, 비룡소, 2018)
기초 한글 배우는 데 도움이 되는 그림책	• 『가나다는 맛있다』 (우지영, 책읽는 곰, 2016) • 『어서 오세요! ㄱㄴㄷ뷔페』 (최경식, 위즈덤하우스, 2020) • 『뭐든지 나라의 가나다』 (박지윤, 보림, 2020)
한글을 익히는 데 도움이 되는 그림책	• 『모모모모모』 (밤코, 향, 2022 개정판) • 『고구마구마』 (사이다, 반달, 2017) • 『내 마음 ㅅㅅㅎ』 (김지영, 사계절, 2021)

소리 내어 책 읽기

선생님 국어책 52쪽에 '재주꾼 오형제' 이야기가 나오죠?

자, 누가 한번 읽어볼까요? 손들어 볼까요?

아이들 저요~ 저요~!

선생님 수정이가 한번 일어나서 큰 소리로 읽어볼까요?

이런 광경은 사실 초등학교 1학년 입학 초기에는 교실에서 자주 이루어지는 광경은 아닙니다. 초등학교 1학년 아이들 중에는 아직 소리 내어 정확한 발음으로 책을 읽는 것에 어려움을 겪는 아이들이 종종 있기 때문입니다. 더구나 아직 한글을 배워가는 단계이고, 구강구조가 덜 발달된 어린아이들임을 감안하면 1학년 입학 직후부터 이렇게 한 사람을 지목해서 대표로 책을 읽게 하는 경우는 거의 없습니다. 대신 이런 방법의 책읽기는 종종 합니다.

선생님 국어책 24쪽에 맨 윗줄에 학습문제가 나와 있죠?

자, 모두 다 같이 한목소리로 읽어볼까요? 시~작!

아이들 한글 낱자를 알고, 바르게 써봅시다!

정확한 발음으로 또박또박 띄어읽기까지 유의해서 읽는 아이들이 있는 반면, 아이들이 글자를 읽는 속도를 따라가지 못해서 입만

어물쩍거리는 아이들도 있습니다. 학습문제와 같은 짧은 문장 정도는 또박또박 소리 내어 읽을 줄 알아야 합니다.

소리 내어 읽는 것은 한글을 모두 깨쳤다고 해서 무조건 가능한 것은 아닙니다. 한글을 거의 완벽히 깨친 아이들 중에서도 빨리 읽으려는 급한 마음에 발음을 뭉개면서 읽거나, 특정 발음(특히 아이들은 리을 발음에 취약한 경우가 많습니다)을 제대로 발음하지 못하는 아이들도 있습니다.

하루에 많은 시간을 소리 내어 읽는 것에 투자할 필요는 없습니다. 차를 타고 이동하는 도중에 바깥 현수막에 써 있는 간단한 문장을 읽어보거나, 길거리에 붙어 있는 공연 포스터의 광고 문구를 소리 내어 읽어보게 하는 등의 자연스러운 연습이 아이들에게 학습적인 부담을 주지 않을 것입니다.

발음이 부정확한 정도가 심하다고 판단될 때에는 하루에 시간을 정해놓고 연습을 하면 확실히 발음이 정확해지는 것을 느낄 수 있을 것입니다. 어려운 책으로 연습하지 않고, 글밥이 적은 쉬운 책을 반복적으로 소리 내어 읽는 연습이 좋습니다. 시간은 길지 않더라도, 매일 꾸준히 하는 것이 중요합니다.

1학년 받아쓰기에 대하여

1학년 1학기 학부모총회 때 학부모로부터 가장 많이 받는 질문이 바로 '받아쓰기'와 관련된 질문입니다. 교육과정이 개정되기 전인 2016년까지만 해도 보통 3월 초 학교생활 적응시기에는 하지 않고, 국어 교과서를 배우기 시작하는 4월 이후에 받아쓰기 시험을 시작했습니다. 하지만 2017년 1학년이 교육과정이 개정되면서 받아쓰기 시험처럼 외워야만 하는 교육이 아니라, 기초부터 차근차근 알아가는 기쁨을 느끼는 쉬운 한글 교육을 하도록 지침이 내려온 바 있습니다. 따라서 많은 학교들은 1학년 1학기에는 받아쓰기를 실시하지 않습니다.

받아쓰기와 관련된 학부모들의 질문이 많아, 제가 직접 서울시교육청의 1학년 교육과정 담당자와 통화를 한 적이 있습니다. 받아쓰기를 절대 하면 안 된다는 뜻이냐는 제 물음에, 서울시교육청을 통해 이런 답변을 들을 수 있었습니다.

"절대 금지하는 것은 아니다. 하지만 받아쓰기를 통해 아이들을 평가하고 서열화하며, 이로 인해 숙제가 생기는 것을 금지한다. 교실에서는 받아쓰기활동을 한글학습 방법으로 활용할 수 있다. 이를 점수화하지만 않으면 된다."

반면 1학년 2학기가 되면, 정확한 한글 해독 및 맞춤법 획득이 절실히 요구되는 상황이 많이 생깁니다. 아이들 스스로 문장으로 글을 쓸 줄 알아야 무리 없이 학습할 수 있는 상황이 많습니다. 따라서 1학년 2학기에는 받아쓰기를 한글학습의 방법으로 사용하는 학교들이 더러 있습니다.

시험을 보는 횟수 또한 학교, 담임선생님마다 다르겠지만, 받아쓰기를 교실에서 실시한다면 보통 일주일에 한 번, 요일을 정해서 받아쓰기 시험을 보는 경우가 많습니다. 받아쓰기 시험은 국어 교과서 지문에서 선생님들이 발췌하여 문제를 출제하는 경우가 대다수이고, 그 외에 알아야 할 필수 낱말이나 틀리기 쉬운 낱말을 추가해서 출제하기도 합니다.

제가 근무하고 있는 학교에서는 1학년 아이들이 미리 가정에서 공부할 수 있도록 2학기 초에 앞으로 진행될 받아쓰기 시험을 프린트해서 한꺼번에 배부했습니다(학교마다 교사의 재량에 따라 다릅니다).

입학 초기에는 주로 낱말 단위로 문제가 출제되다가 점차 난이도가 높아져 긴 문장도 출제됩니다. 1학년 1학기 국어 교과서에는 문장부호도 등장하므로 느낌표, 물음표, 반점, 온점과 같은 문장부호도 받아쓰기 시험에 함께 등장합니다. 또한 띄어쓰기를 중요시하여 이를 채점에 반영하는 담임선생님도 있습니다. 하지만 이 띄어쓰기를 유치원 시기부터 준비할 필요는 없습니다. 어른에게도 띄어쓰기는 어려운 부분이기 때문이지요.

'안정과 성장 맞춤 교육과정'이라는 이름으로 1~2학년 교과서가 개정되면서 '받아쓰기 급수제'를 실시하는 초등학교는 현저히 줄었습니다. 받아쓰기 급수제는 자신만의 받아쓰기 급수장을 배부한 뒤, 1~30급까지 각 급수에서 받은 점수를 스티커로 환산하여 붙이거나, 점수를 직접 쓰게 하는 것입니다. 이 보상 제도는 아이들이 받아쓰기에 흥미를 가지고 이를 통해 한글을 정확하게 사용하는 능력을 키우기 위함입니다. 받아쓰기 급수장을 개인 공책이 아닌 학급 게시판에 전시할 수도 있고, 받아쓰기 활동을 점수화, 서열화시키는 것은 교육청의 권장사항에 반하며, 교육과정이 이루고자 하는 목적과 부합하지 않기 때문에 거의 없어졌습니다.

대부분의 아이들은 받아쓰기 시험을 두려워합니다. 받아쓰기 시험을 기다리는 아이는 반에서 몇 명 되지 않습니다. 받아쓰기 시험으로 아이들 스스로 서로의 성적을 가늠하면서, 아이들끼리 보이지 않는 경쟁을 하기 시작합니다. 100점을 맞았을 때 쏟아지는 부모님의 칭찬 세례와 보상 또한 경쟁에 한몫을 차지합니다. 받아쓰기 시험이 계속되면서 소위 공부를 잘하는 아이와 못하는 아이로 아이들끼리 분류하기도 합니다. 성적이 좋지 못한 아이는 이 시기 크게 낙담하여 심지어 공부에 흥미를 잃기도 합니다. 제가 3월 학부모총회 때 학부모들에게 받아쓰기 공부는 꼭 지도해 달라고 부탁하는 이유도 이것 때문입니다.

아이가 한글을 깨쳤다고 해도, 공부를 미리 하지 않으면 시험 점수가 좋을 수 없습니다. 한글을 깨쳤음에도 받아쓰기 시험에서 아이들과 격차가 벌어지게 되면 아이가 저학년 때부터 공부에 흥미를 잃을 수 있습니다. 취학 전에는 아주 쉬운 낱말부터 받아쓰기 공부를 하는 것이 좋습니다. 엄마, 아빠는 가능한 한 또렷한 목소리로 낱말을 불러주어야 하며, 너무 많이 반복해서 낱말을 불러주는 것은 피해야 합니다. 이는 집중력 향상에 도움이 되지 않습니다. 또 교실에서 시험을 볼 때는 선생님이 서너 번밖에 문제를 불러주지 않습니다. 그래서 한 번에 집중하여 듣는 연습이 필요합니다.

받아쓰기 연습을 할 때 아이는 소리 나는 대로 쓰는 일이 많을 것입니다. 그러니 취학 전에는 소리 나는 발음과 실제 맞춤법이 같은 낱말부터 받아쓰기로 지도합니다. '나비' '기린' '토마토' '하마' 등이 그 예가 될 수 있겠지요. 쉬운 낱말들에 익숙해지면, 받침이 있는 낱말을 공부합니다. '선풍기' '냉장고' 등 받침이 있으면서 발음과 맞춤법이 동일한 낱말로 시작했다가 '책상' '세탁기'처럼 발음과 맞춤법이 살짝 다른 낱말도 공부하면 좋습니다.

취학 전의 아이들이 '앞' '않' '안'을 구별하지 못하는 것은 당연합니다. 어른조차도 틀리기 쉬운 어려운 맞춤법은 군이 취학 전에 가르치지 않아도 됩니다. 취학 전의 아이들이 문장 수준의 받아쓰기를 하는 것도 필요하지 않습니다. 어린아이들에게 일찍부터 받아쓰기에 대한 부담감을 줄 필요가 없기 때문입니다. 하지만 아이가 이미 취학한 이후라면 다음과 같은 방법으로 받아쓰기를 지도합니다.

1단계

받아쓰기 문제를 2~3회 정도 또박또박 읽게 합니다.

한 글자 한 글자 눈으로 익혀가며 또박또박 문제를 읽게 합니다. 1번부터 10번까지를 전체적으로 반복해서 읽기보다 1번 문제를 세 번 연속해서 읽고, 2번 문제를 세 번 연속해서 읽고, 3번 문제를 세 번 연속해서 읽는 것이 아이들이 단어를 기억하는 데 훨씬 좋습니다.

2단계

받아쓰기 문제를 2~3회 정도 종이에 적게 합니다.

이때 아이가 글씨를 못 썼다고 나무라면 안 됩니다. 오히려 빨리 글자를 쓰면서 머릿속에 입력을 시키는 것이 받아쓰기에 더 효과적입니다. 아이가 1단계 문제를 읽는 연습을 했을 때 자연스럽게 읽어내지 못한 부분은 쓰기에도 어렵습니다. 그 부분은 여러 번 쓰도록 지도합니다.

3단계

양육자가 불러주며 1차 테스트를 하고 채점합니다.

채점을 하면서 자신이 쓴 답안지를 읽는 연습을 한 번 더 시킵니다. 틀린 답안은 정답을 바로 공개하지 않고, 힌트를 주어 스스로 알아낼 수 있도록 도와줍니다. 아이가 "아하! 그거였지?"라고 말하는 순간이 바로 학습 효율이 최고가 되는 지점입니다.

4단계

틀린 문항만 몇 번 쓰게 한 뒤, 2차 테스트를 합니다.

2차 테스트에서도 성적이 좋지 않다고 3차 테스트를 곧바로 진행하는 것은 제 경험상 그다지 효과가 좋지 않습니다. 차라리 그다음 날 같은 시간에 다시 한번 테스트를 하도록 합니다.

앞에서 언급했듯이 띄어쓰기를 받아쓰기 성적에 반영하는 선생님들도 많습니다. 이 경우, 아무리 한글을 공부하여 맞춤법을 잘 안다고 해도 띄어쓰기 한 칸 때문에 점수를 받지 못하는 아이들이 생기게 됩니다. 띄어쓰기까지 대비하는 받아쓰기 지도 요령을 알아봅시다. 다음 장 표1의 답안지는 저희 반의 1학년 1학기 6급 받아쓰기 시험 내용입니다.

띄어쓰기의 기본은 띄어 읽기입니다. 한 칸씩 띄어쓰기를 할 때마다 한 템포 쉬고 읽는 '띄어 읽기'를 연습해야 합니다. 띄어 읽기를 보다 쉽게 하기 위해서 '쐐기표(∨)' 표시를 띄어쓰기하는 곳에 표시해 주는 것도 좋은 방법이지요.

	《6급》 4. 감동을 나누어요											
1	미	역	도		맛	있	어	.				
2	신	기	한		맷	돌						
3	옛	날		옛	적	에						
4	임	금	님									
5	부	자	가		될		수		있	겠	어	.
6	궁	궐										
7	잊	어	버	렸	습	니	다	.				
8	얼	굴	을		씻	습	니	다	.			
9	이	를		닦	습	니	다	.				
10	공	을		찹	니	다	.					

표1

어느 정도 띄어 읽기를 한 이후에는 직접 쓸 수 있도록 연습을 해야 합니다.(표2) 처음부터 띄어쓰기를 잘하는 것은 굉장히 어렵습니다. 괜히 어설프게 띄어쓰기를 잘못 연습했다간 오히려 잘못된 띄어쓰기가 아이의 머릿속에 굳어질 수 있습니다. 그러면 아무리 고치려 해도 실제 시험에서 잘못된 띄어쓰기를 하게 되지요. 이를 막기 위해 엄마는 오른쪽의 답안지와 같이 띄어쓰기 부분에 음영처리를 한 답안지를 미리 준비하는 것이 좋습니다.

음영 처리된 부분에는 글자를 쓰면 안 됩니다. 이렇게 준비를 해두면 아이가 띄어쓰기를 하면서 받아쓰기를 연습할 수 있습니다.

	〈6급〉 4. 감동을 나누어요												
1	미	역	도		맛	있	어	.					
2	신	기	한		맷	돌							
3	옛	날		옛	적	에							
4	임	금	님										
5	부	자	가		될		수		있	겠	어	.	
6	궁	궐											
7	잊	어	버	렸	습	니	다	.					
8	얼	굴	을		씻	습	니	다	.				
9	이	를		닦	습	니	다	.					
10	공	을		찹	니	다	.						

표2

컴퓨터로 음영 처리하여 답안지를 준비하는 것이 번거로운 경우, 그냥 일반 공책에 띄어쓰기 부분을 볼펜으로 빗금 처리하여 간단하게 만들어도 됩니다. 이렇게 두어 번 연습한 뒤, 음영 처리하지 않은 답안지에 연습하면 자연스럽게 띄어쓰기를 익히게 됩니다. 띄어쓰기뿐 아니라, 다음의 답안지와 같이 아이가 어려워하고 자주 틀리는 글자만 빈칸으로 두고 나머지 칸을 채우도록 하는 것도 효과가 있습니다.(표3)

지금까지 설명한 방식으로 아이들이 실제 받아쓰기를 쉽고 재미

〈6급〉 4. 감동을 나누어요

	1	2	3	4	5	6	7	8	9	10	11	12	13
1	미		도		맛	있	어	.					
2		기	한		돌								
3		날		옛	적	에							
4	임		님										
5	부	자	가		될		수		있		어	.	
6	궁												
7		어	버	렸	습	니	다	.					
8		굴	을		씻	습	니	다	.				
9	이		를		습	니	다	.					
10		을		찹	니	다	.						

표3

있게 할 수 있는 워크북 『한 권으로 끝내는 한글 떼기』, 『한 권으로 끝내는 받아쓰기』(카시오페아)를 출간하였습니다. 아이들의 받아쓰기 능력 향상에 많은 도움이 될 거라고 확신합니다.

그림일기 쓰는 것을 돕기

그림일기는 문장력이 완성되기 전의 아이들이 보다 쉽게 일기를 쓸 수 있도록 그림과 곁들여 일기를 쓰는 것을 말합니다. 한글을 어느 정도 쉽게 읽을 수 있게 되면 아이들은 한글을 쓰는 것에도 관심을 보입니다. 특히나 무엇을 쓰고 그리는 것에 특별히 흥미가 있는 어린이는 그림일기에 많은 관심을 보입니다. 부모가 굳이 일기를 쓰라고 하지 않아도 알아서 하루 일과를 그림으로 그리고 간단한 글로 표현하기도 하지요. 하지만 저는 모든 아이들이 취학 준비라는 타이틀을 걸고 굳이 취학 전에 그림일기를 쓰는 것을 추천하지는 않습니다. 예비초등이라는 이유로, 취학 후를 대비하기 위해 아이에게 그림일기 지도를 시작하는 것은 바람직하지 않습니다. 이것은 오히려 일기쓰기에 거리감을 갖게 하여 취학 이후의 일기쓰기를 하나의 숙제로 전락하게 할 수 있습니다. 또 앞으로 취학 이후에도 그림일기를 쓸 기회는 아주 많기 때문에 굳이 미리부터 연습할 필요는 없습니다.

일기 쓰기는 2017년에는 교과서 국어 1학기 마지막 단원에 등장했었습니다. 1학기 동안 한글을 배운 아이들이 마지막에 간략하게 그림일기 쓰는 것을 배우게 되는 셈이었죠. 한 학기 후반부에 배우는 것인만큼, 일기 쓰기는 아이들에게 녹록지 않은 과제임이 분명합니다. 그래서 2022 개정 교육과정에서는 일기 쓰기가 1학기가 아닌, 2학기로 넘어갔습니다(2학기 3단원에 나옵니다).

따라서 1학년 2학기 10월경에, 학교에서 그림일기를 쓰는 방법을 담임선생님과 배우게 될 것입니다. 예년보다 글쓰기 부담을 줄여주려는 개정 교육과정의 의지가 엿보이는 부분입니다. 그러므로 취학 전에 아이들의 문장력을 키워주기 위해서는 처음부터 그림과 글 모두를 요구하는 그림일기보다는 사진일기를 쓰는 것을 추천합니다. 그날 하루 중 찍었던 사진을 인쇄해서 일기장에 오려 붙인 뒤, 사진에 대한 간략한 설명을 적는 것입니다. 아이들은 그림에 대한 부담이 없어서 좋고, 사진에 대한 설명을 적는 것이므로 어떤 내용을 적어야 할지 소재를 선택하는 부담도 줄어듭니다. 초등학교 입학 전에는 사진일기를 써봄으로써 글을 쓰는 연습을 해보면 이것으로 충분합니다.

아이들이 초등학교에 입학하여 담임선생님께 일기 쓰는 요령을 배우고 난 뒤에는 그림일기는 빠지지 않는 숙제가 될 것입니다. 일

기를 쓰는 것은 자신이 경험한 일과 그때의 감정을 글로 쓰면서 표현력과 어휘력, 문장력을 기르는 데 아주 좋은 방법이어서 대다수의 초등학교에서 일기는 보통 필수과제로 주어집니다. 하지만 많은 가정에서 일기쓰기 지도에 어려움을 겪기도 합니다. 그럼 취학후 그림일기를 가정에서 어떻게 지도해야 하는지를 간략하게 소개합니다.

일기 소재를 찾는 데에 어려움을 겪는 경우

일기를 쓰기 전, 책상에 앉아서 아이와 함께 하루 동안 있었던 일을 자연스럽게 대화로 풀어나갑니다. 아이가 먼저 하루 동안의 일을 이야기하지 못하면, 부모가 먼저 부모의 일과를 이야기해 주면 좋습니다. 아이가 무엇인가 재미있는 일이 떠올랐다는 듯 이야기를 할 때, 부모는 아이가 이야기한 내용 중에서 일기의 소재가 될 만한 키워드를 빈 종이에 써가면서 대화에 참여합니다.

"엄마! 민수랑 오늘 학교에서 딱지놀이를 했는데, 민수는 진짜 큰 왕 딱지가 있었어요. 나도 그거 만들고 싶어요! 만들어주세요."

이런 아이의 대사를 그대로 옮겨 적으면 그것이 바로 그날의 일기가 됩니다. 엄마는 아이와 대화를 하면서 메모했던 키워드 '딱지, 민수, 왕딱지, 나도 갖고 싶다' 등을 보여주며, 이 낱말들이 들어가게 말을 길게 만들어보자고 유도합니다. 이미 엄마에게 자신의 입으로 직접 말했던 내용이므로 어렵지 않게 문장을 만들어낼 것입니다.

아이 혼자 일기를 쓰면 맞춤법이 틀리고 띄어쓰기가 맞지 않는 경우가 종종 생깁니다. 1학년 1학기 초반에는 맞춤법이나 띄어쓰기를 하나하나 고쳐주려고 하지 않아도 됩니다. 일기 쓰는 것에 흥미를 붙이고 문장을 만드는 훈련을 하는 것만으로도 충분합니다. 받아쓰기 시험이나 학교에서 이루어지는 수업을 통해 점차 스스로 알게 되는 경우도 많고, 어느 정도의 틀린 맞춤법은 천천히 고쳐나가도 되기 때문입니다.

문장력을 키우고 싶은 경우

아이들은 대부분 자신이 경험한 사건 하나를 서술하는 것으로 일기를 쓰곤 합니다. 예를 들면 이런 것입니다.

나는 오늘 엄마, 아빠와 함께 갈비를 먹었다.

있었던 일을 굉장히 사실적으로 잘 썼지만, 문장에 생동감이 넘치는 느낌은 받기 어렵습니다. 생동감 있게 문장을 쓰게 하려면,

다섯 가지의 감각이 들어가게 일기를 쓰면 아주 좋습니다. 그때 무슨 냄새가 났으며, 그 맛은 어땠고, 어떤 장면이 보였으며, 무슨 소리가 났는지 아이에게 물어본 후, 그 내용이 들어가게 일기를 쓰는 것입니다.

나는 오늘 엄마, 아빠와 함께 갈비를 먹었다. 갈비집에는 우리 말고도 사람들이 아주 많이 보였다. 나는 달달한 갈비 냄새가 참 좋았다. 갈비가 지글지글 구워지는 소리 때문에 빨리 먹고 싶었다. 배가 많이 불렀지만, 행복한 식사였다.

이렇게 오감이 모두 들어가게 글을 쓰니 글의 느낌이 색다르고 문장이 보다 풍성합니다. 오감이 모두 들어가지 않더라도 좋습니다. 처음에는 오감 중 세 가지 감각만 들어가게 일기를 쓸 수 있도록 지도해 보세요. 일기쓰기가 쉬워집니다.

가족독서회 열기

아이가 거부감 없이 책을 많이 읽으려면 책을 자주 사주어야 합니다. 비싼 고가의 전집을 들이라는 말이 아닙니다. 전집을 들이면, 아이의 손이 가는 특정한 책만 아이가 읽게 됩니다. 심지어는 아이의 손이 닿지 않아서 책을 폈을 때 '쩍' 소리가 날만큼 새 책으로 썩히는 경우도 있습니다. 따라서 아이의 책을 고를 때에는 부모가 고르는 것이 아니라 함께 서점에 가서 고르도록 합니다.

아이가 서점에 가서 여러 책을 구경하고, 그중에서 정말 읽고 싶고 소장하고 싶은 한 권의 책을 고르도록 합니다. 이러한 일들을 통해 어릴 때부터 책을 고르는 즐거움을 느끼게 해주세요.

2주에 한 번이나 한 달에 한 번, 가족 모두가 서점에 가는 날을 하루 정합시다. 서점에 가면 번쩍번쩍한 게임도, 만화영화도 없습니다. 향긋한 종이 특유의 냄새가 있을 뿐이지요. 아이가 이런 분위기를 느끼고 정말 소장하고 싶은 단 한 권의 책을 고를 수 있도록 합니다. 많이 사주는 것이 중요하지 않습니다. 스스로 고르도록 하는 것이 중요하지요.

아이만 책을 사는 게 아니라 엄마와 아빠도 책을 한 권씩 고릅니다. 엄마와 아빠가 심사숙고해서 책을 고르는 모습을 아이들이 보면서 따라 배울 수 있습니다. 책을 고른 뒤에는 한적한 공원이나 가족이 모두 둘러앉아 도란도란 이야기꽃을 피울 수 있는 카페로 갑니다. 그리고 가족독서회를 열어보는 겁니다.

가족독서회도 나름의 회의이기 때문에 진행해야 할 한 사람이 필요합니다. 처음에는 아빠나 엄마가 진행자가 됩니다. 그 책의 어떤 점이 마음에 들었고 왜 고르게 되었는지 한 사람씩 돌아가며 이야기하는 것이죠. 처음에는 아이들이 말하는 중에 끼어들기도 하고, 엄마와 아빠의 말을 중간에 끊을 때도 있습니다. 진행자를 맡은 한 사람이 이를 제지하여, 다른 사람의 말을 끝까지 듣는 연습을 할 수 있도록 도와줍니다.

오늘 고른 책에 대해서 이야기를 마친 후에는 지난번에 골랐던 책에 대해서 이야기를 나눕니다. 어떤 내용이었는지, 읽고 어떤 생각을 하였는지, 느낌이 어땠는지, 기억에 남는 말은 무엇인지 등을 한 사람씩 발언권을 얻어서 이야기합니다.

아이들이 처음에는 집중하지 못할 수도 있고, 자신의 생각과 느낌을 표현하는 데 서툴 수도 있습니다. 하지만 가족독서회를 반복적으로 개최하게 되면, 자연스럽게 발표력도 길러지고, 책의 내용을 간추리는 능력뿐만 아니라 자신의 느낌을 생생하게 표현하는 능력도 키워집니다. 책을 가까이 하는 습관의 힘은 생각보다 큽니다.

위인전 읽게 하기

상당한 독서력을 자랑하는 아이들은 이제 위인전을 읽기 시작합니다. 책 한 권이 한 사람의 인생을 바꿀 수 있는 큰 힘이 있다는 것은 모두 알고 있습니다. 특히나 위인전은 한 사람의 일대기를 담은 책이기 때문에 그 내용 자체로 흥미롭습니다. 훌륭한 인물은 인생의 좌표가 됩니다. 따라서 위인전을 많이 읽어서 나만의 마음속 멘토를 찾아가는 과정은 참으로 의미 있습니다. 훌륭한 사람의 어린 시절이 특별하지 않고 자신과 비슷한 평범한 어린이였다는 위인전 속 메시지는 자신도 훌륭한 인물이 되어 꿈을 이룰 수 있다는 비전을 심어주는 데 아주 효과적입니다.

실제로 위인전을 많이 읽은 아이들은 위인을 모델링하는 능력이 남다릅니다. 1학년 아이들에게 닮고 싶은 훌륭한 사람이 누구냐 물었을 때, 위인전을 많이 읽지 않은 아이들은 대부분 '이순신'이라고 대답합니다. 이순신 장군의 어떠한 모습이 좋은지 물어보면 "싸움을 잘해서요"나 "씩씩해서요"라고 단순한 대답을 하지요(물론 이순신 장군은 매우 훌륭한 인물입니다). 하지만 다양한 위인전을 읽은 아이들은 다양한 인물을 적절히 섞어서 모델링하는 능력을 가지고 있습니다. 훌륭한 인물을 많이 알고 있다는 자체가 아이들의 배경 지식의 차이로 이어집니다.

한편, 위인전은 아이들에게 시대적 개념을 심어주기에도 좋습니다. 전구를 처음 만든 미국의 발명가 에디슨과 아인슈타인이 같은 시대에 살았다는 생각을 할 수 있겠지요. 또 에디슨이 살았던 시대에 우리나라에는 어떤 사람이 있었는지 알아보면서 시대적인 개념과 역사 개념도 생기게 됩니다.

2022년 개정 교육과정이 2024년 3월부터 적용되었습니다. 무엇이 어떻게 달라졌을까요? ·······························

1. 한글 해득 및 익힘 시간이 확대되었습니다.

2015 개정 교육과정은 '3월 입학 초기 적응 활동'으로 68시간을 할애했었습니다. 2022 개정 교육과정은 34시간은 '학교 적응 활동'에, 나머지 34시간은 국어 시간에 추가 할애하여 한글 해득 학습시간을 추가 확보하였습니다.

2011 교육과정의 한글 교육시수가 27시수, 2015 개정 교육과정의 한글 교육시수가 68시수였던 것에 비해 2022 개정 교육과정의 한글 교육시수는 총 100시수가 되면서 한글 교육시수가 점차 증가되는 뚜렷한 양상을 확인할 수 있네요!

2. 〈안전한 생활〉이 통합 교과로 흡수되었습니다.

2015 개정 교육과정에서 신설된 과목인 〈안전한 생활〉 교과서는 통합 교과로 흡수되고 개별 교과로서는 사라지게 됩니다.

3. 초등 저학년의 신체활동 수업이 늘어났습니다.

2015 개정 교육과정에서 약 20%에 해당했던 '즐거운 생활' 영역 중의 신체활동이 2022 개정 교육과정에서는 약 35%로 늘어나게 됩니다.

···

수학적 사고력 기르기

11년 전 이야기지만, 2013년에도 교육과정이 바뀌었습니다. 특히 2013년에는 초등학교 1학년과 2학년부터 교과서가 바뀌었지요. 2013년 1학기를 마무리하는 여름방학식 날이 기억납니다. 여름방학을 하는 날이었기에 전국의 초등학교 1학년 교실에는 2학기에 배울 교과서를 배부하였습니다. 국어 교과서를 비롯하여 〈이웃〉 〈가을〉 〈겨울〉 〈우리나라〉 책이 배부되었지만, 수학 교과서와 수학익힘책은 배부되지 않았습니다. 학부모 또한 2학기 수학 교과서에 대한 기대감이 많은데도 불구하고 말이죠. 결국 2학기가 개학하는 날에 수학 교과서와 수학익힘책이 배부되었습니다. 1학년 담임을 맡고 있는 교사조차 수학 교과서를 2학기 개학날 받아볼 수 있었습니다.

수학 교과서가 일찍 배부되면 사교육 시장에서는 이를 놓칠 리 없고, 새로운 교육 트렌드로 왜곡하여 광고하기 시작합니다. 이와 같은 병폐를 막고자 교육부에서 수학 교과서를 최대한 늦게 공개하고 배부한 것입니다.

부모들에게 국어만큼이나 신경 쓰이는 교과목이 바로 수학입니다. 수학을 잘하지 않으면 성적이 상위권에 들 수 없는 것이 현실이기도 하지요. 우리나라에서는 수학이 변별력을 책임져야 하는 과목이라는 통념이 있어서, 수학이 어려운 것이 당연하게 받아들여지고 있습니다. 이런 통념 때문인지 2012년에는 국, 영, 수 중에서 수학에 가장 많은 사교육비가 들어갔다는 교육부와 통계청의 발표도 있었습니다. 영어에 가장 많은 사교육비가 들어갈 것 같지만, 우리나라에서 수학의 벽은 가히 높은 것입니다. 심지어 초등학교 아이들 또한 수학을 잘하는 아이가 똑똑하다는 생각을 가지고 있습니다. 그래서 제일 잘하고 싶은 과목을 수학으로 꼽기도 합니다.

초등학교 고학년 아이들의 입에서 "나는 수포자(수학포기자)야"라는 말이 흘러나올 때는 그저 황당하기까지 합니다.

양육자는 자신의 자녀가 수포자가 되길 원하지 않습니다. 우리나라에서 수포자는 대학입시에서 어려움을 겪는 아이들이라는 인식이 팽배하기 때문이지요. 그래서 엄마들은 아이에게 많은 수학 문제집을 풀게 합니다. 단원평가나 중간평가를 본다고 공지가 나가면, 학교 주변 서점의 문제집은 날개 돋친 듯 팔립니다. '선행을 해야 수학이 쉬워진다'라고 믿는 엄마들 때문에 아이들이 풀어야 할 문제집도 자꾸만 늘어나지요. 시간이 부족한 아이들은 학교에 와서도 수학문제집을 풉니다. 하지만 불행히도 이것에 재미를 느끼는 아이는 별로 없습니다. 스스로 수학에 재미를 느껴 문제집을 푸는 아이는 극히 드물지요.

재미가 없는 공부는 점차 그 바닥을 드러냅니다. 엄마의 관리가 잠시라도 소홀해지면 아이는 수학 공부가 하기 싫어 꾀를 냅니다. 학년이 높아지면 엄마의 관리를 아이가 먼저 거부하기도 합니다. 어릴 적에 수학을 잘한다고 해서 커서도 수학을 잘할 것이라는 생각을 가지면 절대 안 됩니다. 재미를 느끼지 못한 채 문제집만 풀어서 고득점을 얻었던 어릴 적 수학 실력이 결코 고등학교 3학년의 고득점 수학성적표의 보증수표가 될 수는 없습니다. 그렇다면 초등학교 입학 전, 수학을 대하는 바람직한 엄마의 자세는 무엇일까요? 또 초등학교 1학년에게 필수로 요구되는 수학 개념과 지도 요령에는 어떤 것들이 있을까요? 1학년 교과서에서 다루고 있는 수 개념, 도형, 연산, 시계 보는 것을 중점적으로 살펴보도록 합시다.

스토리텔링 거부감 없애기

2013년 교육과정이 바뀌면서, 수학과에서 가장 달라진 점이 바로 '스토리텔링'입니다. 우리가 어릴 적 배워왔던 산수 교과서가 수학 교과서로 바뀐 것도 아직 어색한데, 스토리텔링이라는 용어의 등장은 예비학부모를 더욱 긴장하게 합니다.

하지만 스토리텔링의 도입은 학생보다 교사에게 더욱 유의미한 것입니다. 본래 스토리텔링 도입의 이유가 학생들의 수학적 호기심을 적극적으로 자극하기 위함이었기 때문입니다.

바뀐 수학 교과서를 살펴보면 이전의 교과서와는 달리, 단원의 도입부가 굉장히 깁니다. 종전의 교과서에서 단원 도입이 겨우 1페이지 배당되어 있던 것이 바뀐 교과서는 기본 6페이지입니다. 또 하나 특징적인 것은 단원의 도입부는 모두 그림이라는 점입니다. 아이들은 이 그림을 보면서 선생님의 이야기를 들어야 합니다. 스토리텔링을 하는 주체는 아이들이 아니라 교사인 것입니다.

어찌 보면 선생님의 스토리텔링 스킬 정도에 따라서 단원 도입부에 아이들의 동기를 강하게 자극할 수도 있고, 오히려 그렇지 않을 수도 있습니다. 스토리텔링으로 긴장해야 할 사람은 학생이 아니라 오히려 교사입니다.

하지만 스토리텔링이라는 새로운 용어의 등장에 사교육 시장은 이를 놓치지 않고 새로운 문제집과 학습교구, 동화책 등을 개발하고 판매에 나섰습니다. 이로 인해 스토리텔링 교구와 전집을 사지 않으면 우리 아이가 수포자가 될 것만 같은 불안감이 극대화되는 것입니다.

물론 이러한 교구와 교재들이 전혀 수학에 도움이 되지 않는 것은 아니겠지만, 바뀐 교육과정에 완전히 부합하는 교재와 교구들인 것도 아니므로, 이것들이 없다고 해서 아이들이 수포자가 되는 것은 아닙니다.

사실은 선생님이 해주시는 이야기를 잘 귀담아들을 수 있는 능력이 제일 요구됩니다. 아무리 수학동화를 많이 읽었다 해도, 수학시간에 선생님께서 들려주시는 선생님의 스토리를 들을 수 있는 집중력과 공감능력이 부족하다면 이것은 완벽한 헛수고입니다.

스토리텔링에 두려움을 가지고 어떤 교구를 사야 할까 불안해서 고민할 시간에 아이와 함께 생활 속에서 숫자를 세는 연습을 한 번 더 하는 것이 훨씬 유익합니다. 교과서를 가르치는 방식은 바뀌었지만, 핵심내용에는 변화가 없다는 것을 명심하세요.

엄마표 수학을 하되, 절대 다그치지 않기

앞서 2장에서 저는 예비초등 시기에 방문학습지를 시작하는 것을 권하지 않는다고 말씀드렸습니다. 방문학습지가 가지고 있는 장점(특히 바쁜 일정의 워킹맘에게는)도 분명 있습니다. 하지만 방문학습지도 결국엔 부모의 관심이 필요하다는 점과 가정에서의 복습이 뒷받침되지 않을 때에는 아무 소용이 없는 일이라는 점에서 결국 예비초등 수학의 열쇠는 엄마표 수학이라고 할 수 있습니다.

사실 예비초등 수학의 단계는 엄마표 수학으로 충분히 지도가능합니다. 자녀가 수학에 재능을 보인다고 해서 수학학원을 보낸다고 가정해 봅시다. 결국 학원에서 해줄 수 있는 것은 더 복잡한 연산과 약간의 놀이일 뿐입니다. 엄마가 얼마든지 집에서 해줄 수 있는 부분입니다.

받아올림과 받아내림이 있는 덧셈과 뺄셈을 하지 못하는 부모는 없을 것입니다. 10 가르기와 모으기를 못하는 부모도 아마 없을 것입니다. 가정에서도 충분히 가르칠 수 있습니다. 학습지 교사와 학원 강사, 공부방 교사에게 손을 벌리지 않고도 엄마표 수학으로 얼마든지 할 수 있습니다.

하지만 여기서 중요한 점이 있습니다. 욕심을 버려야 합니다. 아이가 한 번에 모두 이해할 것이라는 생각도 함께 버려야 합니다. 1에서 100까지 세는 것이 우리에게는 아주 쉬운 과제이지만 아이들에게는 그렇지 않습니다. 10을 가르고 모으는 일이 우리에게는 머릿속에서 자연스럽게 이루어지는 기계적인 작용과도 같지만, 우리 아이들에게는 시간을 요구하는 사고활동이라는 점을 잊으시면 안 됩니다.

"이것도 몰라?"

"이걸 왜 틀려?"

"이건 지난번에 했던 거잖아."

"왜 몰라?"

"몇 번 말해야 이해하겠니."

"아휴, 답답해. 정말!"

방문학습지 교사, 공부방 교사, 학원 강사는 절대 아이에게 이런 말을 하지 않을 것입니다. 아이가 더 잘 이해할 수 있을 때까지 아이의 눈에 맞는 설명을 하고, 또 반복하세요.

수학은 '꾸준히'가 정답!

바둑돌을 가지고 10 가르기를 자녀에게 지도했습니다. 자녀는 금방 10 가르기를 이해하고, 엄마의 물음에 곧잘 대답도 잘했습니다. 엄마는 아이가 10 가르기를 완전히 이해했다고 생각하고 안심합니다. 그리고 한동안 수학은 지도하지 않습니다. 하지만 몇 달 뒤, 10 가르기 문제를 자녀에게 내보니, 아이는 대답을 망설입니다. 아이는 그 사이 10 가르기를 잊고 말았던 것입니다. 엄마는 황당합니다.

아이가 유치원에서 배워온 백의 자리 숫자를 곧잘 읽습니다. 연습장에 문제 몇 개를 내주었더니 한 문제만 놓쳤을 뿐, 모두 잘 읽습니다. 엄마는 놓친 한 문제를 잘 지도했습니다. 그리고 아이는 어느 정도 이해한 듯 보였습니다. 하지만 며칠 뒤, 아이는 며칠 전에 읽었던 똑같은 숫자를 읽지 못합니다.

수학은 꾸준해야 합니다. 하루에 단 10분씩이라도 꾸준한 노력과 연습이 필요합니다. 이러한 꾸준함은 수학적 자신감을 고취시키는 데 아주 큰 영향을 끼칩니다. 아이가 한 번에 이해했을 것이라고 생각하지 마세요. 그 당시에는 물론 이해했겠지만, 또 다른 상황에서는 이해하지 못하는 것이 수학이기도 합니다. 꾸준한 연습은 수학에서 필수입니다.

서술형 문제에 대한 부담 내려놓기

초등학교 1학년은 별도의 평가가 없습니다. 하지만 중간고사, 기말고사가 없는 학교다 하더라도 담임선생님의 재량으로 수학만큼은 단원평가를 보는 경우도 있습니다. 물론 단원평가의 난이도는 평이한 편이며 시험 점수는 생활기록부에 반영되지 않습니다.

단원평가를 보려고 시험지를 나눠주면, 웃지 못할 진풍경이 벌어집니다. 아이들은 시험 문제지를 받는 순간 앞장에 이름을 쓰고, 얼른 뒷장부터 넘깁니다. 그리고 주관식 문제, 정확히 말하면 서술형 문제가 몇 개 출제되었는지를 세는 것입니다. 서술형 문제란 단순히 답만 적는 것이 아니라, 그 답을 구하게 된 과정, 즉 풀이과정까지 적어야 하는 문제를 말합니다. 서술형 문제가 어떤 문제인지 읽어보기도 전에, 출제된 서술형 문제의 개수가 많다는 것만으로도 아이들은 한숨짓습니다. 읽어보지도 않고 한숨부터 쉬는 아이들이 저는 안타깝습니다.

아이들이 왜 이렇게 서술형 문제를 싫어하게 된 걸까요? 서술형 문제가 아이들에게 어려워서일까요? 정말로 아이들을 겁주기 위한 무서운 문제인 걸까요? 사실 1학년의 서술형 문제는 많이 어렵지만은 않습니다.

서술형 문제

무 밭과 배추 밭 중에서 더 넓은 밭이 무엇인지 풀이과정을 쓰고, 답을 적으세요.

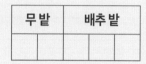

무 밭	배추 밭

- 무 밭은 2칸이고, 배추 밭은 3칸이니까.
- 2개보다 3개가 더 크니까.
- 2보다 3이 더 크니까.
- 배추 밭이 한 칸 더 있으니까.
- 2 < 3

이렇게 쓰면 모두 정답입니다. 생각한 그대로를 표현하면 되는 것입니다. 그런데 이런 답은 오답입니다.

- 직접 비교해 보았더니 배추 밭이 더 넓다.
- 눈으로 봤더니 배추 밭이 더 넓다.
- 배추 밭이 더 넓으니까 배추 밭이 더 넓다.

아이들은 정답을 모르는 것은 아닙니다. 그런데 정확한 근거를 쓰지 못했습니다. 생각한 그대로를 표현하지 못했습니다. 부모님들은 이런 문제를 틀린 아이들을 위해 많은 문제집을 풀게 합니다. 문제집을 풀면 어느 정도 성적은 오를 수 있습니다. 단원평가에 문제집에서 풀었던 문제가 나오면, 그 문제를 틀리지 않을 수 있기 때문이지요. 하지만 애석하게도 풀었던 이외의 문제가 나오면 또다시 아이는 어색한 풀이과정을 적고 맙니다.

서술형 문제를 틀리지 않으려는 각고의 노력 때문에, 아이들은 서술형 문제의 개수를 세는 것입니다. 오히려 공들였던 그 노력 덕분에, 아이들은 서술형 문제가 두려운 것입니다.

물론 아이가 정확한 풀이과정을 쓰지 못할 수도 있습니다. 아이가 문제에서 요구하고 있는 가장 중요한 포인트가 무엇인지 몰라서 그렇습니다. 그러므로 아이로 하여금 너무 많은 문제집을 풀게 해서 부담감을 실어주는 것보다, 책 한 권을 함께 읽고 질문과 답을 주고받으면서 이야기를 많이 나누어 보는 수많은 경험이 장기적으로는 더욱 좋은 것입니다. 아이에게 서술형 문제를 호환마마보다 무서운 공포물로 알려줄 것이 아니라면, 부모가 먼저 서술형 문제에 대한 부담을 내려놓으세요.

100까지 숫자와 수 개념 알기

100까지 숫자세기

초등학교 1학년 수학에서 가장 핵심이라고 할 수 있습니다. 초등학교 1학년에서는 100까지의 수를 배우기 때문에 사실 많은 아이들이 수와 숫자를 몰라서 헤매는 일은 거의 없습니다. 아이들은 1학년이 아니라 이미 1.8학년 수준의 수학 능력을 가진 채 입학을 하니까요. 따라서 100까지 숫자를 세지 못하는 아이들은 수업시간에 뒤처지는 경우가 많습니다. 입학 전 아이에게 100까지의 숫자와 수 개념이 심어져 있는 상태면, 1학년 수학은 이것으로 충분합니다.

숫자를 세는 방법에는 '한자어로 세기'와 '고유어로 세기', 이렇게 두 가지가 있습니다. 한자어는 차례나 번호를 읽을 때에 세는 방법으로 '일, 이, 삼…'으로 세는 것이고, 고유어는 개수나 횟수를 나타낼 때 세는 방법으로 '하나, 둘, 셋…'으로 세는 것입니다.

이 두 가지 방법으로 100까지 셀 줄 알아야 합니다. 한자어와 고유어 모두 100까지 자유자재로 셀 수 있다면 1학년 수학은 충분합니다.

많은 아이들이 숫자를 차례대로 읽는 것은 잘하지만, 거꾸로 읽는 것에는 어려움을 보입니다. 1부터 100까지를 차례대로 번갈아 말해보고, 반대로 100부터 1까지 거꾸로 번갈아 말해보세요. 별것 아닌 것 같아도 굉장한 수학적 자극이 됩니다.

0의 개념 알려주기

1학년 1학기 1단원, 9까지의 수에서는 0의 개념도 배웁니다. 놀랍게도 많은 아이들이 0의 개념을 이해하기 어려워합니다. 아이에게 세상에서 제일 작는 숫자가 무엇이냐 물으면 대부분 1이라고 대답합니다. 보통의 숫자는 1부터 시작한다는 편견 때문입니다. 0은 아무것도 없는 상태를 숫자로 나타낸 것입니다. 아이에게 종종 "1보다 작은 숫자는 무엇일까?" "초콜릿 2개가 있었는데 몽땅 다 먹어버리면 몇 개가 남지?" "1에 0을 더하면 어떻게 될까?" "2에서 0을 빼면 어떻게 될까?" 등으로 간단한 대화를 나누어 보는 것만으로도 0의 개념을 생활 속에서 느낄 수 있답니다.

숫자 뛰어 세기

100까지의 수를 자유자재로 셀 수 있는 아이라면 뛰어 세기에도 도전해 봅니다. 가로 10칸, 세로 10칸인 표에 1부터 100까지 적혀 있는 표를 '수 배열표'라고 합니다. 이 수 배열표를 여러 장 인쇄해 놓고, 2씩 뛰어 세며 (2, 4, 6, 8, 10, …) 그 숫자에 동그라미를 칩니다. 이때에는 동그라미만 그리지 않고, 입으로 소리 내어 숫자를 말해보는 것이 중요합니다. 2씩 뛰어 세는 것이 익숙해지면 5씩 뛰어 읽어봅니다.

생활 속에서도 물건을 셀 때 '1개, 2개, 3개…' 방식이 아니라 '2
개, 4개, 6개…' '3개, 6개, 9개…'의 방식으로 세는 모습을 아이들
에게 보여주세요. 아이들에게 직접 시켜보면 더욱 좋습니다. 이런
활동은 2학년에서 배울 곱셈구구와도 밀접한 관련이 있습니다.

자릿수 알려주기

수 개념에서 자릿수는 상당히 중요한 개념입니다. 1학년 1학기
에는 50까지의 수를 배우는데 이때 두 자릿수를 배우면서 처음 십
의 자리, 일의 자리라는 개념을 배우게 됩니다. 입학 전에 미리 '십
의 자리, 일의 자리'라는 용어를 가르칠 필요는 없습니다. 하지만
아이와 함께 물건의 개수를 세야 하는 일이 생길 때, 무작정 1부터
세는 모습을 보여주는 것이 아니라, 10개씩 묶어서 개수를 세는
모습을 자주 보여주세요. 아이는 자연스럽게 10씩 묶어 세는 것의
편리함을 알게 되고, 자릿값의 개념에 노출됩니다.

A 1, 2, 3, 4, 5, 6, 7, 8, 9, 10, 11, 12, 13, 14, 15, 16, 17, 18,
   19, 20, 21. 모두 21개구나!

B 자, 여기서부터 여기까지 10개, 또 여기서부터 여기까지 10개.
   그리고 하나가 남네? 그럼 20하고 1이니까, 21개구나!

A보다 B로 세는 모습을 의도적으로 보여주세요.

 집에서 할 수 있는 숫자놀이 ·····················

배스킨라빈스 31 게임

· 게임 가능 인원 : 2명 이상

· 게임 방법 :

① '배스킨~라빈스~삼십일' 구호를 다함께 외치며 게임을 시작한다.

② 한 사람당 1~3개의 숫자를 말할 수 있다. 1부터 차례대로 말한다.

③ 1~3개의 숫자를 말하다가 31을 말하게 되는 사람은 탈락된다.

· 참고사항 : 배스킨라빈스 31을 41, 65, 99 등 숫자를 바꿔서 해도 좋다.

· 게임 효과 : 숫자를 순서대로 읽는 훈련을 할 수 있으며 숫자 세는 법

을 자연스럽게 익힐 수 있다.

369 게임

· 게임 가능 인원 : 2명 이상

· 게임 방법 :

① '삼육구, 삼육구! 삼육구, 삼육구!'를 다함께 외치며 시작한다.

② 숫자를 1부터 1개씩 말할 수 있지만, 3, 6, 9가 들어가는 숫자는 소리

내어 말할 수 없다. 입 모양으로만 말해야 한다.

③ 3, 6, 9 숫자를 소리 내어 말하는 사람이 나올 때까지 계속한다.

- 게임 변형 : 1부터 시작하여 숫자를 점점 커지게 하지 않고, 100부터 시작하여 점차 작아지게 게임을 해도 된다.

- 게임 효과 : 1부터 100까지 숫자를 세는 훈련과 거꾸로 숫자를 세는 훈련을 할 수 있다.

할리갈리 보드게임

- 게임 가능 인원 : 2~5명

- 게임 방법 :

① 과일이 그려진 할리갈리 카드를 동일하게 나눠 갖는다.

② 정해진 순서대로 카드를 한 장씩 뒤집다가, 동일한 과일이 5개가 나올 때 종을 친다.

- 게임 효과 : 1, 2, 3, 4, 5의 수 개념을 감각적으로 재빨리 익힐 수 있다.

매달 달력 만들기

- 만드는 방법 :

① 가로 8칸, 세로 6칸의 표를 만들어 인쇄한다.

② 월, 요일, 날짜를 쓴 후, 그 달에 맞는 그림으로 꾸며본다.

- 게임 효과 : 수의 계열과 실생활에서 숫자의 쓰임을 알 수 있다.

1학년 1학기 단원명	활동내용	1학년 2학기 단원명	활동내용
수학을 만나요	• 수학준비물 알아보기 • 같은 점, 다른 점 찾기	수학을 만나요	• 1학기 복습
9까지의 수	• 1~9 알기 • 순서 수 알기 • 0 알기 • 크기 비교하기	100까지의 수	• 60 70 80 90 배우기 • 99까지 배우기 • 짝수 홀수 배우기
여러 가지 모양	• 자 모양, 공 모양, 기둥 모양과 같은 입체도형 배우기	덧셈과 뺄셈(1)	• 세수의 덧셈, 뺄셈 • 10이 되는 더하기 해보기 • 10에서 빼기 • 10을 만들어 더하기
덧셈과 뺄셈	• 모으기와 가르기 • 0이 있는 덧셈, 뺄셈 • 덧셈, 뺄셈하기	모양과 시각	• 네모 세모, 동그라미 모양 배우기 • 몇 시, 몇 시 30분 배우기
비교하기	• 길이, 무게, 넓이, 부피 비교	덧셈과 뺄셈(2)	• 받아올림이 있는 덧셈, 뺄셈
50까지의 수	• 9다음 수 배우기 • 십 몇 배우기 • 10모으기, 10가르기 • 10개씩 묶어 세기 • 50까지 수세기, 크기 비교하기	규칙 찾기	• 규칙 찾고 규칙 만들기 • 수 배열표에서 규칙 찾기

여러 가지 모양 알기

1학년 1학기에는 입체도형(사각기둥, 원기둥, 구)을 1학년 2학기에는 평면도형(삼각형, 사각형, 원)을 배웁니다. 물론 1학년에서는 입체도형, 평면도형의 정확한 명칭을 배우지 않습니다. 보다 어려울 것이라고 생각되는 입체도형이 평면도형보다 먼저 나오는 이유는 생활 속에서 아이들이 더욱 접하기 쉬운 도형들이기 때문입니다. 아이들은 취학 이전에 겪었던 다양한 학습을 통해서 이미 이러한 도형의 명칭까지 알고 있습니다. 하지만 수학 시간에는 그러한 용어를 모르고 있다고 해도 아무런 지장이 없기 때문에 미리 정육면체, 직육면체, 원기둥, 구, 삼각형, 사각형, 원 등의 용어를 가르칠 필요가 전혀 없습니다.

도형 단원은 다른 수나 연산 단원에 비해 체감 난이도가 낮아서 아이들이 쉽게 흥미를 느끼며 잘 참여합니다. 도형은 특별한 문제 풀기가 많이 도움이 되는 단원이 아니라, 감각이 중요한 단원입니다. 패턴블록이나 펜토미노 등의 보드게임 한두 가지를 아이들에게 장난감 삼아 놀게 하면 도형감각을 키우는 데 앞으로도 도움이 될 것입니다.

덧셈, 뺄셈 연산하기

연산은 수학에서 가장 기초적인 뼈대입니다. 연산이 느린 아이는 수학에 자신감을 갖기가 어렵습니다. 정답이 무엇이냐 묻는 교사의 물음에 자신보다 더 빨리 정답을 이야기하는 친구들이 있으면, 연산이 느린 아이는 맥이 빠질 수밖에 없겠지요. 이렇듯 초등학교 수학에서 연산은 수학 실력 이상의 가치를 갖고 있습니다. 그러므로 '연산＝자신감'이라고 단언할 수 있지요.

아이들에게 군이 수학 선행학습을 시키겠다고 한다면, 저는 그 학기 교과서에 나오는 연산을 암산할 수 있도록 연습하라고 권하는 편입니다. 암산이란 덧셈과 뺄셈을 머릿속으로 할 수 있는 능력을 말하지요. 완벽하게 망설임 없이 정답을 말할 수 있을 정도로 암산 연습을 하면 좋습니다.

1학년 1학기

초등학교 1학년 1학기에는 '모으기와 가르기'가 나옵니다. 3과 4를 모았을 때 어떤 수가 되는지 손가락으로 셈하지 않고 바로 7이라고 대답할 수 있을 수준만 되어도 이미 충분합니다. 모으기는 덧셈의 기초, 가르기는 뺄셈의 기초가 되므로 모으기, 가르기 연습을 충분히 하는 것이 좋습니다. 만약 자녀가 모으기는 쉬워하나 가르기를 어려워한다면 아직 모으기의 연습이 부족하기 때문입니다. 가르기를 연습시키기보다 모으기를 의도적으로 더 시키면 됩니다. 모으기가 충분히 자연스럽게 이루어지면, 가르기는 훨씬 쉬워집니다.

처음에는 5까지의 수를 가르기, 모으기합니다. 이것이 익숙해지면 9까지의 수를 가르기, 모으기하고, 이것이 또 익숙해지면 10을 가르기, 모으기합니다. 특히 10 가르기, 모으기는 받아올림이 있는 덧셈, 받아내림이 있는 뺄셈의 기초이므로 많이 연습을 하도록 합니다. 10을 모으고 가르는 것은 1학년 2학기에 등장하긴 하지만, 1학기에 함께 연습을 해두는 것이 좋습니다.

초등학교 1학년 1학기에는 받아올림과 받아내림이 없는 한 자릿수의 덧셈과 뺄셈이 전부이므로, 9까지의 수 모으기과 가르기를 무리 없이 할 수 있는 아이라면, 절대 뒤처지지 않습니다.

집에서 할 수 있는 연산놀이 ·····························

수 모으기, 수 가르기 놀이

- 게임 가능 인원 : 2명 이상

- 게임 방법 :

① 1~9까지 적힌 숫자 카드를 바닥에 1장씩 놓는다.

② 엄마는 3~10 사이의 숫자를 불러준다.

③ 불러준 숫자를 만들 수 있게 2장의 카드를 빨리 모으면 승리한다.

- 게임 효과 : 수 모으기는 덧셈의 기초, 수 가르기는 뺄셈의 기초가 된다.

- 게임 변형 :

① 숫자카드를 1장씩 놓지 않고 여러 장을 놓아서 2장이 아닌 3장의 숫자카드를 모으는 게임을 해본다.

② 엄마가 10 이상의 숫자를 부르면 받아올림의 개념도 자연스럽게 터득할 수 있다.

블랙빙고 놀이하기

• 게임 가능 인원 : 2명 이상

• 게임 방법 :

① 가로 4칸, 세로 4칸의 빙고판을 만든 후, 2부터 12까지의 숫자를 골고루 적는다(중복해서 적는 것 가능).

② 주사위를 두 번 던져서, 두 개의 결과를 더한 값을 빙고판에서 찾아서 지운다(예: 첫 번째 주사위 4, 두 번째 주사위가 5라면, 빙고판에서 9를 찾아서 지운다).

③ 먼저 빙고판의 숫자를 모두 지운 사람이 승리한다.

• 게임 효과 : 1+1부터 6+6까지 기초적인 연산을 쉽게 연습할 수 있다.

....

1학년 2학기

초등학교 1학년 2학기에는 받아올림과 받아내림이 등장합니다. 1학년 1학기에 등장하는 '받아올림과 받아내림이 없는 한 자릿수의 덧셈과 뺄셈'을 암산으로 할 수 있는 아이들은 2학기에 등장하는 연산도 무리 없이 합니다. 그런데 1학기에 나왔던 한 자릿수의 덧셈과 뺄셈을 손가락 없이 계산할 수 없던 아이들은 2학기가 되면 난관에 부딪칩니다. 손가락은 10개인데, 10 이상의 숫자가 등장하기 때문이지요. 따라서 1학년 1학기 입학할 때에는 손가락으로 셈하지 않고 한 자릿수를 덧셈, 뺄셈할 수 있는 정도면 충분하며, 1학년 2학기에는 받아올림이 있는 한 자릿수의 덧셈과 뺄셈을 할 수 있을 정도의 준비면 됩니다.

많은 아이들이 1학년 2학기에 등장하는 받아올림과 받아내림을 정확히 이해하지 못합니다. 이는 10 가르기와 모으기 연습이 아직도 부족한 경우입니다.

만약 자녀가 7+5가 12인 것은 금방 대답하나, 이를 7+□+□으로 금방 바꾸어 계산하지 못한다면, 아직도 10의 보수(짝꿍수) 개념이 덜 잡혀 있기 때문입니다. 10 가르기와 모으기 연습이 더 필요합니다.

시간의 개념 알기

1학년 1학기에는 시계가 등장하지 않습니다. 따라서 1학년 담임선생님들은 "여러분, 10시 30분까지 수학익힘책을 풀어야 합니다"라고 이야기하지 않고, "여러분, 긴바늘이 6에 갈 때까지 수학익힘책을 풀어야 합니다"라고 말합니다. 아이가 시계를 보지 못한다고 해서 수학적 사고력이 떨어지는 것이 아니니 조급해할 필요는 전혀 없습니다.

시계 보기는 1학년 2학기에 처음 등장합니다. 그마저도 9시, 10시와 같은 '몇 시'의 개념과 9시 30분, 3시 30분과 같은 '몇 시 30분'의 개념만 다루기 때문에 시계 단원에서 어려움을 겪는 아이는 거의 없습니다.

다만, 시계를 직접 그려보는 활동이 수학익힘책에 나오는데, 10시를 그릴 때에는 짧은바늘이 10, 긴바늘이 12이지만, 10시 30분을 그릴 때에는 짧은바늘이 10과 11의 중간을 향하게 그려야 합니다. 많은 아이들이 이것을 놓치곤 합니다. 시계를 직접 돌려보면서, 10시에서 11시가 되어가는 과정에서 짧은바늘의 변화를 살펴보게 하면 쉽게 이해하므로, 30분을 읽을 수 있는 아이라면 짧은바늘의 위치도 한번 눈여겨볼 수 있도록 지도하면 좋습니다.

많은 아이들이 어려워하는 시간의 덧셈, 뺄셈은 초등학교 3학년에서 등장하니, 미리부터 시간의 덧셈, 뺄셈을 가르치지 마세요. 시간의 덧셈, 뺄셈은 10진법이 아니라 60진법이라서 이해하기도 어려울 뿐만 아니라, 실생활에서 잘 쓰이지도 않으며, 덧셈과 뺄셈을 처음 배우는 아이들에게 자칫 큰 혼동을 주기 쉽습니다.

운필력 기르기

초등학교에 입학하면 아이들은 연필 잡는 것부터 다시 배웁니다. 그리고 약 한 달간은 다양한 선긋기를 하면서 바른 글씨를 쓰기 위한 기초를 다집니다.

운필력은 흔히 손아귀 힘이라고 말하기도 하는데 바르게 연필을 잡고 손과 눈을 집중하여 힘 있게 선을 그을 때 길러지는 능력입니다. 운필력이 좋은 어린이는 깔끔하고 전달력 있게 글자를 쓰거나 색칠을 하기 때문에 작품이 완성도가 높습니다. 게다가 운필력이 좋은 어린이는 바르게 글씨를 쓸 수 있기 때문에 운필력은 초등학교 1학년 아이들에게 필수적으로 요구되는 능력이지요. 보통 대근육보다 소근육이 더 발달한 여자아이들이 남자아이들에 비해 운필력이 좋은 편입니다.

선긋기 연습

운필력의 기초는 선긋기입니다. 힘 있게 직선을 그을 수 있어야 하고, 부드럽게 곡선도 그을 수 있어야 합니다. 연필을 많이 잡아 본 아이일수록 이런 과정이 자연스럽기 때문에 연필을 가지고 놀 수 있는 기회를 아이에게 많이 제공하는 것이 좋습니다.

색칠 연습

운필력은 색칠을 하면서 길러질 수 있습니다. 아이들이 좋아하는 캐릭터 색칠북을 이용하여 색칠하면서 놀게 하면 운필력이 어느 정도 향상됩니다.

바르게 쓰는 연습

글자와 숫자를 바르게 쓰는 훈련도 미리 하면 좋습니다. 예비초등의 경우에는 글자와 숫자를 쓰는 획순까지 이왕이면 정확히 지도하도록 합니다. 한번 제멋대로 굳어버린 획순은 후에 고치기가 참 어렵기 때문이지요. 처음 글자와 숫자를 쓸 때부터 바른 획순으로 쓸 수 있도록 지도합시다.

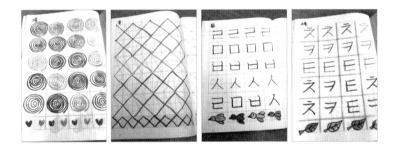

위 사진은 초등학교 입학 후 3월 초 1학년 학급에서 배우는 내용들입니다. 어른 눈에는 상당히 쉽게 보이지만, 운필력이 부족한 아이들은 힘들어하기도 합니다.

청각 기억력 기르기

청각 기억력이라는 말을 들어본 적이 있습니까? 말 그대로 귀로 듣는 음성의 내용을 오래 기억할 수 있는 능력이 바로 청각 기억력입니다.

천재 송유근 어린이를 키워낸 엄마에게 아이를 천재로 키운 비결을 물어보았더니 아이가 배 속에 있을 때부터 쉴 새 없이 말을 걸었다고 하였습니다. 횡단보도를 지날 때에도, 무엇을 먹을 때에도, 어떤 책을 읽을 때에도, 설거지 등 집안일을 할 때에도, 쉴 새 없이 배 속에 있는 아이가 들을 수 있게 큰 소리로 이야기를 해주었다고 합니다. 이 상황을 모르는 제3자는 이상한 사람으로 오해하기도 했을 정도로 말이죠.

실제로 배 속에 있는 태아는 25주 안에 귀가 생겨나 소리를 들을 수 있습니다. 그래서 많은 예비 엄마, 아빠들이 태교동화를 읽어주기도 하고, 바쁜 시간을 쪼개어 열심히 태담을 들려주기도 합니다. 배 속에 있는 태아는 시각이 발달하기 이전부터 청각이 발달하여, 우리가 생각하는 것보다 훨씬 빨리 바깥세상의 소리를 듣고 자랍니다. 아이와 엄마를 연결하는 끈은 탯줄뿐만이 아닌 것이죠. 그래서 열 달의 태교가 그리 쉬운 일이 아님은 엄마들은 모두 알고 있습니다.

소리가 아이에게 주는 자극은 생각보다 큽니다. 청각을 많이 자극하면 할수록, 아이의 인지 능력에도 큰 영향을 미치지요. 청각 기억력은 아이가 시각이 아닌 청각적인 요소만으로도 기억할 수 있는 민감한 능력입니다. 어른의 말을 주의 깊게 듣지 않아서 실수가 잦은 아이들은 청각 기억력이 부족한 것입니다.

교실에서도 선생님의 말씀에 귀를 기울이지 않아서 반드시 해야 할 과제를 하지 못해 꾸중을 받는다거나 친구와의 이야기에 귀를 기울이지 않아서 다툼이 일어나는 경우가 있는데 이 또한 청각 기억력의 부족 때문입니다. 이러한 아이의 행동은 자칫 집중력이 부족한 산만한 아이로 보이게 할 수 있습니다.

이야기는 짧고 명확하게 한다

청각 기억력이 부족한 아이일수록, 이야기를 전달할 때 짧고 명확하게 전달해 주어야 합니다. 주저리주저리 길게 이야기하면 아이는 대화의 포인트를 놓치게 되지요. 따라서 평소에 말할 때도 가능한 짧은 문장을 명확하게 말하여 아이의 청각 기억력을 높일 수 있도록 합니다.

청각을 방해하는 요소를 멀리한다

아이에게 자극적인 텔레비전이나 DVD를 많이 보여주는 것은 청각 기억력 향상을 방해하는 아주 큰 원인 중 하나입니다. 텔레비전이나 DVD는 아이들의 눈을 즐겁게 하는 것들로 가득 차 있지요. 가끔은 시각적 자극을 배제한 후, 청각의 자극만 주는 것도 좋은 방법입니다. 이왕이면 CD에서 흘러나오는 청각 자극이 아닌, 양육자의 목소리라면 더할 나위 없이 좋겠지요.

손조작능력기르기

젓가락질을 잘하는 아이가 똑똑하다는 말은 한 번씩 들어보았을 겁니다. 젓가락질은 다섯 손가락을 골고루 사용해서 젓가락이라는 도구로 아주 작은 음식까지도 집어 들어 입 안에 넣는 복잡한 과정입니다. 30개의 손가락 관절과 60개의 근육이 상호 조화를 이룰 때 해낼 수 있는 상당히 구조적인 운동이지요. 그래서 젓가락질을 하면 손의 조작 능력을 극대화시켜 두뇌를 활성화시킨다고 합니다.

초등학교 1학년 아이의 학교생활에서 가장 많이 쓰이는 능력이 바로 손 조작 능력입니다. 초등학교 1학년은 국어와 수학을 제외하고는 과목 구분이 없이 주제별 통합 교과로 이루어집니다. 그래서 국어 시간과 수학 시간을 제외하면 대부분의 시간을 만들기, 그리기를 하며 학습합니다.

스스로 가위질이나 풀질하기

손 조작 능력이 부족할 경우, 만들기나 그리기 시간에 행해지는 가위질이나 풀질이 서툴 수밖에 없습니다. 서툰 가위질과 풀질 때문에 작품의 완성도에 크게 영향을 미치고 이로 인해 아이가 자신감을 잃어버릴 수 있습니다.

유치원에서는 선생님이 소수의 아이들을 맡아서 지도하기 때문에 가위질이나 풀질을 하지 못해도 선생님이 대신 해줄 수 있습니다. 혹은 완성하지 못해도 크게 문제될 것이 없지만, 초등학교에서는 자기에게 주어진 일은 스스로 해야 합니다. 그러므로 서툰 가위질과 풀질 때문에 아이는 좌절을 맛볼 수 있지요.

종이접기 연습

종이접기는 남녀 격차가 심한 분야입니다. 소근육이 대근육보다 발달한 여자아이들은 종이접기에 두각을 나타내지만 일부 남자아이들은 힘겨워합니다. 종이접기는 얇은 색종이를 섬세하게 다루고 정성껏 접으면서 꽤 난이도가 높은 손 조작 능력이 요구됩니다. 따라서 입학 전에 종이접기를 많이 연습하는 것이 도움이 됩니다.

자를 이용해 선긋기

자를 대고 선을 긋는 연습도 필요합니다. 수업시간에 모양자를 대고 선을 그어야 하는 경우가 종종 생기는데 자를 사용할 줄 몰라 바른 선을 긋지 못하는 아이들이 간혹 있습니다. 자를 연필 아래에 두고 선을 그어야 하는데 연필 위에 두고 그리는 경우도 있지요. 손 조작 능력은 사소해 보이지만 배우고 익혀두면 유용합니다.

우유팩 열기

우유팩을 혼자 까서 여는 연습은 필수입니다. 우리 반에는 이른바 매너남으로 통하는 A군이 있습니다. 우유팩을 깔 수 있는 능력이 있기 때문에 여자아이들의 우유팩까지 멋지게 까줄 수 있지요. 어른들의 눈에는 그저 웃음밖에 나오지 않는 이 능력이 아이들의 사회에서는 평범한 남자아이가 매너남으로 등극할 수 있는 절호의 기회가 됩니다.

유아용 젓가락 쓰지 않기

앞에서 언급했던 젓가락질 하는 능력도 어느 정도 필요합니다. 현재 우리 반 25명의 아이들 중 성인용 젓가락으로 젓가락질을 할 수 있는 아이는 22명 정도입니다. 나머지 3명의 아이는 손가락에 고리를 끼워서 젓가락질을 할 수 있도록 도와주는 유아용 젓가락을 사용합니다. 급식소가 따로 있어 그곳에 가서 식사를 하거나, 교실에서 식사를 하더라도 젓가락질은 필수입니다. 학교에서 제공하는 숟가락과 젓가락은 1학년부터 6학년까지의 아이들이 함께 쓰고, 심지어 교직원도 함께 사용하는 것이기 때문에 아직 손이 크지 않은 1학년 아이들에게는 숟가락질과 젓가락질이 버거울 수도 있습니다. 특히나 아직 유아용 젓가락을 사용하는 아이라면, 학교에서 제공하는 젓가락을 사용하지 못하므로 매일 자신의 전용 젓가락을 가지고 다녀야 하니 번거로울 수밖에 없지요. 이 외에도 수저를 혼자 정리하는 연습, 물통 뚜껑을 여는 연습 등 손으로 할 수 있는 여러 가지 일을 미리 연습하면 학교생활을 조금 더 여유롭게 할 수 있습니다.

많은 1학년 학부모들이 자녀의 손 조작 능력 향상을 위해, 또 학교에서 이루어지는 많은 미술적 통합활동에서 두각을 나타내도록 자녀를 미술학원에 보냅니다. 하지만 손 조작 능력은 하루아침에 바짝 열심히 연습한다고 해서 습득되는 능력이 아닙니다. 아이가 어릴 때부터 손을 많이 사용할 수 있는 환경에 자주 노출되어야지만 자연스럽게 길러지는 능력이지요.

아주 어렸을 때부터 서툴더라도 아이가 혼자 수저를 사용한다거나 아이와 함께 미술놀이를 많이 하고, 종이접기나 블록 쌓기 놀이를 하는 등 평소 아이가 손을 많이 움직일 수 있도록 적당한 환경을 제공했는지가 중요합니다. 지속적으로 이러한 환경을 제공해

주면 굳이 미술학원에 보내지 않아도 저절로 아이는 손을 자유자재로 움직이게 됩니다.

발표력 기르기

활기찬 월요일 아침, 바쁜 걸음을 재촉해 교실 문을 열고 들어가면, 아이들은 모두 저를 기다렸다는 듯이 제게로 옵니다. 아직 핸드백을 책상 위에 올려놓기도 전인데, 교실 앞문에서 교탁까지 걸어가는 데 꽤 많은 시간이 걸립니다. 교사가 아닌 사람이라면 상상하지 못할 테지요. 아이들은 제게 저마다 자신이 주말 동안에 무엇을 했는지에 대해 이야기합니다. 자신의 목소리가 작아 다른 아이들의 목소리에 묻힐까 봐 점점 더 격양된 목소리로 말이죠. 교사의 귀가 두 개뿐인 것이 이토록 안타까울 수가 없습니다. 그러한 흥분된 아이들을 겨우 진정시키고 저는 1교시 준비를 합니다.

월요일 1교시는 아이들의 주말 일상을 발표하는 데에 투자합니다. 주말 동안에 무엇을 했는지, 무슨 생각을 했는지, 어떤 대화를 누구와 나누었는지 등 발표의 소재는 실로 무궁무진합니다.

"선생님, 제가 발표하겠습니다. 선생님, 제가요~ 토요일 날에요~

어린이대공원에 갔었어요."

"제가 발표하겠습니다"라고 말한 뒤 발표하는 것은 우리 반의 발표 규칙입니다. 1학년뿐만 아니라 초등학교의 많은 학급에서 이런 규칙을 사용하므로 습관이 되면 여러모로 좋습니다.

"어? 나도 나도 나도!"
"나도 갔었어."
"나는 백 번 갔었거든."

교실 여기저기에서 아이들의 유치하고도 찬란한 리액션이 쏟아져 나옵니다. 아이들의 열띤 반응 덕에 발표를 하고 있던 아이는 정작 어린이대공원에서 있었던 이야기들을 이어가지 못하기도 하지요.

이 시기의 아이들은 이처럼 자신의 이야기를 다른 사람 앞에서 하는 것에 대부분 거부감이 없습니다. 자신의 이야기를 다른 아이들 앞에서 하고 싶어 하지요. 그래서 담임선생님은 질문 1개를 던지면, 25명 아이들 모두의 이야기를 들어주어야 합니다. 그만큼 발표를 하고자 하는 아이들의 욕구는 굉장합니다. 아이러니하게 들릴지 모르겠지만 사실 발표력이 좋은 아이들의 특징은 따로 있습니다. 바로 다른 아이들의 발표를 귀담아 듣는다는 점이지요.

발표를 잘하려면 잘 들어야 한다

자신의 이야기를 잘 발표할 수 있으려면, 다른 사람의 발표 또한 잘 들어주는 능력을 우선적으로 갖추어야 합니다. 이것이 훌륭한 발표의 시작입니다. 남의 이야기에 귀 기울이지 않고 자신의 이야기만 무조건 하려 한다면, 이미 다른 친구가 발표했던 내용과 동일한 내용으로 발표하는 경우가 발생합니다.

"글자 '과'가 들어가는 말에는 무엇이 있을까요?"

교사의 물음에 아이들은 저마다 머릿속으로 답을 생각합니다.

"자, 이제 발표해 봅시다. 발표할 사람 손들어 보세요."
"사과요."
"과자요."
"약과요."

그런데 다른 아이들의 말을 귀담아 듣지 않고 있던 한 아이가 발표합니다.

"선생님, 사과요!"

"야~ 아까 민수가 사과라고 말했잖아~ 다른 걸 해야지."

손을 들어 용감하고 씩씩하게 발표를 한 것은 아주 바람직하고 칭찬할 일이지만, 이 아이는 사실 훌륭한 발표력을 가진 건 아닙니다. 다른 아이들과 같은 내용을 반복해서 말하는 건 그리 어렵지 않기 때문입니다.

다른 사람의 이야기를 끝까지 듣는 아이는 절대로 같은 내용의 대답을 하지 않습니다. 다른 아이보다 더욱 업그레이드되고 질이 높은 기발한 내용으로 발표하게 되지요. 이것이 정말 발표를 잘하는 아이입니다.

사람들 앞에서 말하는 건 연습이 필요하다

모든 아이들이 다른 사람 앞에서 말하기를 즐기는 것은 아닙니다. 성격이 소극적이어서 부끄러움을 많이 타는 아이는 발표하는 시간이 너무나 싫습니다. 또 부끄러움이 많은 아이는 아니지만 완벽주의 성향이 있는 아이들도 틀린 대답을 말하는 것이 싫어서 발표를 꺼리기도 합니다. 이것은 개인의 성격 차이이기 때문에 부모님이나 선생님이 억지로 발표를 시킨다고 해서 발표력이 향상되는 것은 아닙니다. 틀려도 괜찮으니 한번 말해보라고 교사가 아무리 권유해도 입을 떼기 어려워하는 아이들도 있습니다.

완벽주의 성향이 있어서 발표를 꺼리는 아이들은 발표를 하지 않을 뿐이지 사실 머릿속으로는 기가 막힌 대답을 갖고 있습니다. 우연한 기회에 자신의 마음속에만 있던 기가 막힌 대답을 발표하고, 그것이 외적이나 내적으로 강화되어 아이의 발표력이 일취월장하는 경우를 많이 보았습니다. 그러므로 발표력이 부족하다고 걱정하고 낙담할 필요는 없습니다.

소극적인 성격 때문에 발표하기를 꺼려 하는 아이들이라고 해도, 가정에서 말하기를 꺼리지는 않을 것입니다. 아마도 가정이라는 익숙한 공간에서는 자신의 이야기를 자유자재로 할 테지요.

"선생님, 우리 아이가 학교에서는 말을 잘 못해도 집에서는 완전 반대거든요. 얼마나 수다쟁이인데요."

이렇게 이야기하는 부모들을 종종 만날 수 있습니다. 소극적인 아이들은 자신의 목소리가 익숙하지 않은 넓은 공간에 상당히 두려움을 느낍니다. 이러한 경우 자신의 목소리를 이따금씩 들을 필요가 있습니다. 예컨대 자녀가 집에서 노래 부르거나 이야기하는 모습을 동영상으로 촬영하여 집이 아닌 다른 곳에서 자주 틀어 감상하는 등의 활동이 필요하지요. 아이가 익숙하지 않은 공간에서 자신의 목소리를 듣는 경험을 시켜주는 것입니다. 자신의 목소리를 잘 들을 수 있도록 녹음기를 이용해서 목소리를 직접 듣게 하고, 스피커 기능이 있는 장난감 마이크 등을 가지고 가정에서 놀게 하면 자신의 큰 목소리에 적응이 되어서 발표력이 향상될 수 있습니다.

반면에 자신의 이야기를 너무 많이 하고 싶어 하는 아이들에게는 반드시 손을 들고 발언권을 얻은 뒤 이야기하도록 훈련해야 합니다. 간혹 너무 말을 하고 싶은 나머지, 선생님의 이야기가 미처 끝나지도 않았는데 불쑥 끼어들어 말하는 경우도 있기 때문이지요. 다른 사람, 특히 어른의 말은 끝까지 듣고 질문하도록 가정에서 지도해 주도록 합니다.

★ 선생님, 궁금해요

Q 교실에 책(학급문고)은 얼마나 구비되어 있나요?

A 담임선생님이 소장하고 있는 책이 그 반의 학급문고라고 할 수가 있습니다. 그래서 학급마다 학급문고의 질과 양이 차이가 나기도 합니다. 자습시간이나 쉬는 시간, 점심시간에 아이들이 책을 교실에서 읽어야 하기 때문에 학급문고의 양이 부족한 경우, 학년 초에 개인당 2~3권 정도의 책을 학급문고에 기증했다가 2학년으로 진학을 할 때에 다시 돌려주는 방식으로 학급문고를 채우기도 합니다.

가정에서 소장하고 있는 책을 학교에 가져와서 읽는 것은 책의 내용이 크게 문제가 없는 한 괜찮습니다. 또한 각 초등학교에는 도서실이 있습니다. 도서실에서 책을 대출하여 교실에서 읽는 것도 좋습니다.

Q 아이의 발음이 이상하대요. 저는 우리 아이의 발음이 이상한 줄 모르겠는데, 아이 친구들은 우리 아이의 말을 잘 못 알아듣겠다고 해요. 병원에 가봐야 할까요?

A 부모는 아이와 함께 7~8년을 부대끼며 함께 살아왔기 때문에 정작 자녀의 문제를 느끼지 못하는 경우가 종종 있습니다. 특히 발음과 같은 경우에 부모와 아이가 서로 의사소통이 무리 없이 이루어지므로, 그 문제

를 깨닫지 못할 때가 많지요.

몇 년간 교직생활에서 '기역' 발음을 하지 못하는 아이, '리을' 발음을 하지 못하는 아이 등을 경험한 적이 있습니다. 하지만 부모는 이것을 인지하지 못했지요.

주변으로부터 이러한 이야기를 지속적으로 들었다면, 결코 그냥 넘어가서는 안 될 문제입니다. 소아청소년과나 언어치료센터 등을 방문하여 한 번쯤 검사를 받아보고 필요하다면 적절한 치료를 받는 것이 좋습니다.

Q 시험만 보면 80점을 받아요. 우리 아이는 어느 정도 똑똑한 것 같거든요. 수업 태도도 바르다고 선생님께 많이 칭찬을 받아요. 하지만 시험만 보면 80점인데 처음에는 그럴 수 있다고 생각했지만, 80점이라는 점수가 우리 아이에게 굳어질까 걱정이 됩니다.

A 담임선생님의 말씀대로 아이는 분명 수업 태도도 바르고 똑똑하고 착한 아이일 것입니다. 100점 만점에 100점의 태도를 가졌지만 아이에게 시험이라는 잣대를 들이대면 20점이 모자란 늘 80점이라는 거지요. 이것은 그리 중요하지 않습니다. 아직 어린 초등학교 1~2학년 아이들이니까요.

영어를 아주 잘하는 원어민이 있다고 합시다. 그 원어민에게 토플 시험을 풀게 하면, 그는 만점을 받을 수 있을까요? 그렇지 않습니다. 아무리 영어를 잘하는 원어민이라고 해도 '토플'이라는 시험 문제의 유형을 모르고 있다면 만점을 받기가 어려울 겁니다. 하지만 기본적 영어실력이 뒷받침되어 있기 때문에 조금만 공부를 해도, 쉽게 토플에서 좋은 점수를 얻을 수 있겠지요.

아이들도 이와 같습니다. 수학적 기본 감각과 지식이 있고, 수업 태도가 뒷받침되어 있지만 풀어보지 못한 문제 유형 앞에서는 아이도 무너질 수 있습니다. 그렇다고 해서 이 아이가 공부를 못하는 것은 절대 아닙니다. 문제 풀기에 길들여져 있지 않아서 100점을 맞지 못하는 것뿐이지요. 아이의 능력을 절대 점수에 견주어 생각하지 마세요. 적어도 수학적 기본 감각과 지식, 그리고 절대적으로 수업 태도가 뒷받침되어 있는 착실한 아이라면 말이죠.

다만 계속해서 80점을 맞아 아이가 100점을 받았을 때의 쾌감을 느껴보지 못하면 스스로 위축될 수 있습니다. 만약 아이가 100점을 받지 못한 것에 속상해한다면, 적당한 수준의 문제집을 푸는 등의 방법으로 문제를 푸는 요령을 터득할 수 있도록 도와줍니다.

Q 아이가 현재 일곱 살로 내년에 취학을 앞두고 있는데, 한 자릿수의 덧셈도 아직 손가락을 이용해서 합니다. 손가락을 이용해 덧셈을 하는 아이, 괜찮을까요?

A 결론부터 말하면, 괜찮습니다. 일곱 살에 손가락 덧셈은 전혀 문제가 되지 않습니다. 하지만 초등학교에 입학을 하고 1학년 2학기가 되면 본격적인 연산이 등장하므로 이때는 손가락 덧셈을 벗어나야 하지요. 연산에 늦게 눈을 뜨는 아이들도 많습니다. 손가락으로 세어가며 덧셈을 하는 것은 그야말로 덧셈의 기본 원리입니다. 그 아이는 그 원리를 이용해서 대단히 클래식하게 덧셈을 하고 있는 것뿐입니다. 오히려 부모는 아이가 한동안 이러한 원리를 이용해서 덧셈을 연습하도록 그냥 내버려두어야 합니다. 아이가 원리를 몸에 익힐 수 있는 좋은 기회이기 때문이지요.

수학적 감각이 있는 아이라면, 이러한 덧셈의 원리를 통해 계산을 하다가 저절로 손가락 계산보다 빨리 계산을 할 수 있는 자신만의 메커니즘을 발견하게 됩니다. 이런 과정에 다다르면 아이는 더이상 손가락으로 계산하지 않습니다. 또한 이렇게 수학적 감각이 뛰어난 아이는 엄마가 별다른 처방을 내리지 않아도 스스로 어려운 문제를 찾아서 도전하여 풉니다. 아이와 함께 서점을 가거나, 수학박람회 등에 참여해 보는 것도 좋습니다. 아마 아이의 눈이 휘둥그레질 겁니다. 아이가 찾아서 직접 체험할 수 있도록 엄마는 그 길을 안내해 주도록 합니다.

수학적 감각이 상대적으로 부족한 아이도 물론 있습니다. 보통 교실에서 보면, 남자아이보다 여자아이들의 수학적 감각이 조금 둔한 편입니다. 충분히 손가락을 이용해 계산을 많이 했는데도 불구하고, 스스로 이 손가락 계산에서 벗어나지 못하고 있다면 엄마가 좀 더 쉽게 계산하는 방법을 알려주도록 합니다.

예를 들어 7+9를 계산할 때 무조건 16이라고 외우게 하는 것이 아니라 "7에서 1개를 9한테 빌려주면, 7이 6으로 변신하겠지? 그리고 9는 10으로 변신하겠지? 그럼 7+9가 6+10으로 변신하겠네? 6+10은 얼마지?"라는 식으로 알려줍니다. 손가락 계산이 충분히 연습되어 있지 않은 상태에서 무작정 쉬운 계산법을 반복적으로 시키고자 하는 것은 단순주입식이지만, 손가락 계산이 충분히 연습된 상태에서 쉬운 계산법을 알려주는 것은 아이의 입에서 "아해"라는 감탄사를 이끌어낼 수 있습니다.

내 자녀가 수학적 감각이 있는 아이인지 없는 아이인지 재빨리 인지하여 그에 맞는 처방을 내려주기만 한다면 일곱 살에 손가락 덧셈은 크게 문제될 것이 없습니다.

Q 아이와 함께 학습지를 풀면서 수학학습을 하고 있습니다. 그런데 우리 아이는 틀린 문제에 틀림 표시를 하거나, 심지어 별 표시를 하는 것도 용납하지 않고 신경질을 냅니다. 틀린 것을 인정하지 못하는 아이, 이대로 두어도 괜찮을까요?

A 잘하려는 욕심이 많은 아이입니다. 승부의식이 강한 아이들이 대체로 자신의 약점을 잘 인정하지 않습니다. 아이가 틀림 표시를 싫어하면 틀림 표시를 하지 마세요. 어른의 입장에서는 단지 틀린 문제이니까 틀림 표시를 하는 것인데, 아이들은 문제지에 틀렸다고 표시하는 것을 지나치게 과장해서 해석하기도 합니다.

중요한 건 다음에 같은 문제를 틀리지 않도록 하는 것이죠. 아이에게 틀린 문제를 다시 한번 풀게 하고, 아이가 그 문제를 알아맞힐 수 있도록 힌트를 주는 것이 좋습니다.

학교에 들어간 아이들은 저절로 냉혹한 채점의 세계를 경험합니다. 자신이 틀린 문제도 인정해야 할 시기가 곧 다가오지요. 미리부터 아이에게 냉혹한 채점의 세계를 알려줄 필요는 없습니다. 아이가 원하는 대로 그냥 따라주세요.

Q 영어 공부는 어떻게, 얼마나 해야 하나요?

A 요즘 어린이집과 유치원에서는 대부분 특기적성 프로그램으로 영어를 가르칩니다. 그렇기 때문에 요즘 어린이들은 옛날보다 영어에 대한 호기심이 더 많고 부담 없이 배웁니다. 영어 과목은 부모의 소신이 강하게 작용하는 교과목이라고 생각합니다. 영어를 조기에 교육해야 한다, 아니다를 판가름하는 것은 부모의 몫입니다. 또 영어에서 유창성이 중요한지, 파닉스가 중요한지를 판단하는 것도 부모의 소신입니다. 우리나라 초등학교 교육과정에는 초등학교 3학년부터 영어를 정식으로 배우고 있습니다. 인사부터 쉬운 생활영어를 배우게 되지요. 초등학교 3학년 때 영어를 처음 접할 때 당황하지 않고 이질적으로 느끼지 않도록, 영어를 많이 노출시켜 주는 것이 중요합니다.

Q 수학문제집은 몇 권 정도 풀어야 할까요? 또 수학문제집에도 수준이 있던데요. 심지어 경시대회 대비용 문제집도 있던데, 이런 문제집은 언제 풀려야 할까요?

A 수학익힘책, 연산 학습지, 한 권의 문제집, 저는 이렇게 세 가지의 싸이클을 추천합니다. 담임선생님의 스타일에 따라 다르지만, 수학익힘책을 학

교에서 모두 풀게 하는 선생님이라면, 가정용으로 한 권 더 사서 집에서 복습용으로 풀게 하면 좋습니다. 수학익힘책을 가정학습용으로 과제로 내주시는 담임선생님이라면, 그것을 가정용 복습책으로 활용하면 됩니다. 또 학기 중에는 한 권의 수학문제집을 풀면 좋습니다. 너무 많은 문제집을 푸는 것은 아이들에게 지루함만을 가져다줄 뿐입니다. 어렵지 않은 문제가 많은 문제집이 좋습니다. 기초연산은 하루에 한 장씩, 다섯 문제씩이라도 매일 꾸준히 풀면 좋습니다. 이 세 가지면 1학년 수학 공부는 아주 충분합니다.

심화용 문제집은 많이 풀어본다고 해서 서술형 문제에서 정확한 풀이과정을 쓸 수 있는 것은 아닙니다. 물론 어느 정도 도움이 될 수는 있겠지만, 자녀가 서술형 문제를 지겹고, 어렵고, 짜증나는 무서운 존재로 여기는 등 아주 강력한 부작용이 나타날 수도 있기 때문에 신중해야 합니다. 만약 심화 문제집을 풀리고 싶다면, 한 학기가 지난 후에, 혹은 한 학년이 지나서 다음 학년으로 진급을 한 후에, 작년 학년도의 심화 문제집을 풀게 하세요. 이것이 아이들의 사기 진작에 훨씬 더 좋습니다. 초등 수학은 자신감입니다. 너무 어려운 문제집을 괜히 자녀에게 들이댔다가 아이에게서 수학자신감을 뺏어오는 일은 없도록 하세요.

CHAPTER

4

1학년
학교생활,
아는 만큼
보인다

'요즘 학교가 많이 달라졌다던데….'

'우리 어릴 적 학교 다닐 때와는 많이 다르겠지?'

'학교마다 행사도 제각각이라던데….'

    첫 아이가 취학을 앞둔 경우, 대부분의 양육자는 학교생활에 대한 정보를 거의 가지고 있지 않습니다. 양육자에게 초등학교 1학년 시절은 30여 년 전의 먼 이야기일 뿐, 너무 어릴 때라 기억도 잘 나지 않습니다. 그러니 그저 막막할 테지요. 자녀가 입학하는 것처럼 부모 또한 새로 학교에 입학하는 기분일 것입니다. 입학설명회라도 있으면 좋겠지만 안타깝게도 이를 개최하는 학교는 많지 않습니다. 심지어 예비소집일에도 별다른 학교 소개를 듣지 못할 수도 있지요. 이 장에서는 초등학교 1학년의 일반적인 학사 일정 중 중요한 것들을 소개합니다.

전국에 있는 모든 초등학교가 똑같은 수준의 국가 교육과정을 운영합니다. 이것은 학교의 의무입니다. 하지만 국가가 제공하는 교육과정을 전국에 있는 모든 학교가 천편일률적인 똑같은 방식으로 운영하는 것은 아닙니다. 학교마다 약간의 차이가 있지요. 이는 교육과정을 '재구성'하여 그 학교 고유의 교육과정으로 운영할 수 있는 권리를 학교가 지니고 있기 때문입니다. 따라서 이 점을 고려하면서 책을 읽으면 학교생활에 대한 전반적인 준비에 많은 도움이 될 것입니다.

초등학교 깊이 알기

전국에 있는 초등학교는 크게 국립, 공립, 사립초등학교로 나눌 수 있습니다. 국립초등학교는 교육부에서 지정하여 운영하는 초등학교입니다. 현재 전국에 17개 안팎으로 지정되어 있습니다. 공립초등학교는 각 지역의 교육청에서 운영하는 초등학교로 대부분의 초등학교가 여기에 해당됩니다. 사립초등학교는 민간에서 학교 법인을 차리고 인가를 받은 뒤 세워진 학교를 말합니다.

국립, 사립학교는 보통 매년 11월 초에 원서접수가 이루어지며, 모집인원보다 지원한 인원이 많은 경우 공개추첨을 통해 선발합니다. 국립이든, 공립이든, 사립이든 어느 초등학교든 모든 초등 교사는 교육대학교를 졸업하여 정교사 자격증을 취득해야 합니다. 정교사 자격증을 취득했을 뿐 아니라, 특별히 교사임용시험에 통과한 사람은 국·공립학교에 근무할 수 있습니다. (방과후강사, 돌봄강사, 예술강사 등의 외부강사는 정교사가 아닙니다.)

국립학교는 별도의 수업료를 내지 않습니다. 공립학교에서 교사가 국립학교에 직접 지원하여 발령을 받는 체제이기 때문에 교육의 질이 평균적으로 높기도 합니다. 사립학교처럼 다양한 교육을 받을 수 있는 것이 큰 장점입니다. 입학 경쟁률은 20:1 정도로 상당히 높은 편이고, 사립학교에 동시 지원할 수도 있습니다.

사립학교와 공립학교의 차이는 일단 학비입니다. 공립학교는 따로 수익자 부담의 사업에 아이가 참여하지 않는 이상 수업료를 낼 필요가 없으나, 사립학교는 수업료를 내야 합니다. 수업료 이외에 스쿨버스비, 관리비, 교복비 등의 비용이 추가되며, 액수는 학교마다 차이가 납니다.

사립학교는 근무하는 교사가 전근을 가지 않는 시스템이고 학교

장과 재단의 재량을 발휘할 수 있기 때문에, 교육철학과 특성이 확고하다는 특징이 있습니다. 그러므로 사립초등학교에 입학시킬 계획이 있다면, 그 학교 특유의 교육철학을 잘 알아보아야 합니다. 또한 학교에서 제공하는 서비스가 공립학교보다 많습니다. 비싼 비용을 지불하고 학교에 다니는 만큼 학생과 학부모의 수준이 서로 비슷하다는 것도 장점이 될 수 있지요. 스쿨버스가 있어서 녹색어머니회를 결성하지 않아도 되는 등 워킹맘에게는 큰 장점이 되기도 합니다. 하지만 다른 지역에 있는 사립학교에 셔틀버스를 타고 등하교를 하는 만큼 동네 친구들을 사귈 기회가 적다는 것은 문제가 될 수 있습니다. 친구를 사귀는 것을 어려워하는 아이라면, 유치원 때부터 사귄 동네친구들과 같은 학교, 즉 일반 공립학교에 진학하는 게 훨씬 도움이 됩니다.

요즘은 공립초등학교에서도 방과후학교가 활성화되어 있고, 학교 시설도 좋습니다. 사립학교를 보내느냐, 공립학교를 보내느냐는 결국 부모의 선택에 달려 있습니다. 아이마다 다 특성이 다르고, 아이가 학교생활을 어떻게 하는지에 따라 다르기 때문에 어느 학교가 더 좋다고는 말할 수 없습니다.

서울형 혁신학교

공교육의 틀이 지나치게 정형화되어 있다는 문제점이 늘 제기되었습니다. 그리하여 서울시교육청에서는 서울형 혁신학교를 지정하여, 공립학교임에도 비교적 자유롭게 교육과정을 운영할 수 있도록 자율권을 많이 부여해 주고 있습니다. 학교 운영, 수업 방식, 교육 평가 등 다양한 분야에서 자율성을 가지고 있지요. 서울형 혁신학교에 대한 자세한 정보는 '서울형 혁신학교 누리집'에서 확인할 수 있습니다.

대안학교

공교육의 문제점을 보완하고자 학습자 중심의 자율적인 프로그램을 운영하도록 만들어진, 지금까지의 학교교육과는 다른 형태의 교육이 이뤄지는 학교입니다. 대안학교에는 여러 종류와 형태가 있는데, 크게는 학력 인증 대안학교와 학력 미인증 대안학교로 나눌 수가 있습니다. 대안학교마다 그 철학과 풍토가 다르나, 주로 소규모로 운영됩니다.

최근에는 '도시형 대안학교'라는 것이 생겨나고 있는데, 산간이나 농촌지역에 위치한 기숙형 대안학교와 달리 도시 속에서 작은 규모로 운영되는 학교를 말합니다. 도시형 대안학교는 도시 청소년들의 생활권 내에 위치하며, 대도시의 풍부한 인적·물적 학습자원을 활용할 수 있다는 점이 특징입니다. 도시형 대안학교 중에서 초등대안학교는 성미산학교, 사람사랑나눔학교가 있습니다. 대안학교에 대한 자세한 정보는 서울시 학교밖청소년지원센터 (seoulallnet.org)로 문의하면 됩니다.

나이스(NEIS)

교육행정정보시스템(나이스: National Education Information System)을 말합니다. 1만여 개 초·중·고·특수학교, 178개 교육 지원청, 17개 시·도교육청 및 교육부가 모든 교육행정 정보를 전 자적으로 연계 처리하며, 국민 편의증진을 위해 행정자치부(G4C), 대법원 등 유관기관의 행정정보를 이용하는 종합 교육행정정보시 스템입니다.

나이스를 통해 학부모는 각 가정에서 자녀의 생활기록부, 건강 기록부, 수행평가 등의 학교생활 정보를 제공받을 수 있는데, 이를 '나이스 학부모서비스'라고 합니다.

나이스 학부모서비스를 이용하려면, 나이스 홈페이지(http://www.neis.go.kr)에 접속한 뒤, 거주하고 있는 해당 지역의 교육지 원청을 클릭하면 됩니다. 이때 본인확인 과정을 거쳐 학부모서비 스 인증서를 발급받아야 합니다. 입학 후에 이 내용이 담긴 가정통 신문이 가정으로 배부될 것입니다. 주의 깊게 살펴보시고 자녀의 학교생활에 대한 정보를 제공받기를 바랍니다.

예비소집일

해마다 또 지역마다 조금 다르긴 하지만, 보통 11월 말에서 12월 초에 취학통지서가 각 가정으로 배부됩니다. 취학통지서는 거주하는 주소지에 해당하는 주민센터에서 발급됩니다. 취학통지서에는 취학대상 아동의 이름과 주민등록번호, 보호자 이름과 주소, 취학할 학교와 예비소집일 날짜, 입학식 날짜가 적혀 있으므로 분실하지 않도록 유의해야 합니다. 취학통지서는 예비소집일에 학교에 방문할 때 지참해야 합니다. 혹시 취학통지서를 분실했을 경우에는 해당 주민센터에서 재발급받을 수 있습니다.

입학 관련 안내가 있으므로 가급적 참석한다

학교마다 예비소집일이 조금씩 다르지만, 보통은 겨울방학 중인 1월에 예비소집일이 있는 경우가 많습니다. 예비소집일을 갖는 주목적은 다음 해에 입학하는 대략적인 인원을 파악하고 반 편성을 준비하기 위함입니다. 코로나19 기간에는 학교에 직접 방문하지 않고, 온라인으로 취학통지서를 제출할 수 있었는데, 근래에는 반드시 취학 어린이와 함께 학교에 방문해야 합니다.

많은 학부모들이 예비소집일에 무엇을 하는지 궁금해하는데, 이

것 또한 학교마다 차이가 큽니다.

기본적으로 예비소집일에는 가정으로 배부되었던 취학통지서를 학교에서 다시 수합합니다. 이는 최종 입학 인원을 결정짓는 중요한 절차입니다. 또 입학식 날짜와 준비물 등을 안내합니다. 아직 반 편성이 이루어지기 전이므로 자녀가 몇 반이 되었는지는 이 날 알 수 없습니다. 이밖에 1학년이 신청할 수 있는 학교 방과 후 활동 강의목록과 신청서, 돌봄교실 신청에 대한 안내도 함께 이루어지니 가급적 참석하도록 합니다.

간혹 학교에 따라서는 교사가 아이를 간단히 면담하기도 합니다. 반 편성을 위해 간단한 한글이나 숫자 테스트를 하는 학교도 있습니다. (이때 교사는 아이의 담임교사로 확정된 교사는 아닙니다.)

이사할 예정이면 미리 학교에 알린다

이사를 앞두고 있는데, 취학통지서를 받은 경우가 있을 수 있습니다. 이 경우에는 취학통지서에 적혀 있는 초등학교에 전화를 걸어서 이사할 예정임을 이야기하고, 예비소집일에는 참석하지 않으면 됩니다. 이사를 하자마자 이사한 곳의 해당 주민센터에서 취학통지서를 재발급받은 후, 다시 배정받은 학교로 취학통지서를 들고 가면 됩니다.

이사할 곳의 초등학교 예비소집일에 참석하고 싶다면, 이사할 곳의 주민센터에 전화해서 배당될 초등학교가 어디인지 알아본 후, 그 학교의 예비소집일 날짜에 방문해도 됩니다.

교과서

교과서는 교육부가 저작권자로서 교육과정을 성취할 수 있는 교재로 편찬하였으며, 초등학교 1~2학년 교과서는 모두 '국정 교과서'입니다. 전국에 있는 모든 초등학교 1~2학년은 같은 교과서로 공부하게 됩니다. 따라서 혹시 학기 중에 전학을 가더라도 새 교과서를 준비해야 하는 일은 없습니다. 교과서를 분실했을 때 개별적으로 구입해야하는 경우, 한국검인정교과서협회(www.ktbook.com)에서 구입처를 확인할 수 있습니다.

2024년은 2022 개정 교육과정이 초등학교 1, 2학년에 적용되는 첫해로 새롭게 편찬된 교과서로 아이들이 공부했습니다. 학기 중에 가정용으로 한 권 더 구매해서 복습용으로 사용하는 경우도 있는데, 모든 과목을 그렇게 할 필요는 없습니다. 하지만 교과서 중 '수학익힘책'은 숙제가 잦고, 배운 내용을 복습하기에 아주 좋은 교재이므로 한 권 더 구매해서 공부하는 것도 좋습니다.

학년 구분이 사라지다

교육과정이 개정이 되면서 눈에 띄게 달라진 점은 '1학년, 2학년'의 학년 구분이 없어지고, '1~2학년 군'의 개념이 생긴 것입니다. 1학년과 2학년은 서로 단절되어 있는 시기가 아니라 아이들이 자라나는 과정상 밀접하게 연관되어 있어서 서로 충분한 연계성이 있다는 것을 교과서에 반영하였습니다.

통합 교과가 생기다

두 번째로 달라진 것은 통합 교과입니다. 우리가 어릴 적에 배웠던 〈즐거운 생활〉〈바른 생활〉〈슬기로운 생활〉이라는 교과서는 역사의 뒤안길로 사라졌습니다. 대신 2017~2023년까지는 〈봄〉〈여름〉〈가을〉〈겨울〉〈학교〉〈이웃〉〈가족〉 등과 같은 주제가 교과서로 편찬되었습니다. 이를 주제 통합 학습, 프로젝트 학습이라고 합니다. 2022 개정 교육과정 중 1학년 통합교과 교과서는 〈학교 1-1〉〈사람들 1-1〉〈우리나라 1-1〉〈탐험 1-1〉(이상 1학년 1학기 진도), 〈하루 1-2〉〈약속 1-2〉〈상상 1-2〉〈이야기 1-2〉(이상 1학년 2학기 진도)입니다.

2학년 통합교과 교과서의 명칭은 〈나 2-1〉〈자연 2-1〉〈마을 2-1〉〈세계 2-1〉〈계절 2-2〉〈인물 2-2〉〈물건 2-2〉〈기억 2-2〉입니다.

주제 통합 학습이란 하나의 주제를 가지고 여러 교과의 내용을 통합하여 학습하는 것을 말합니다. '봄'이라는 하나의 주제 아래 봄과 관련된 '바른 생활', 봄과 관련된 '슬기로운 생활', 봄과 관련된 '즐거운 생활'을 공부하게 되는 것이지요. 주제 통합 학습은 집중력이 낮은 저학년 아이들이 쉽게 학습에 집중할 수 있도록 도울 뿐만 아니라, 하나의 주제를 여러 방식으로 학습하므로 창의력을 키워준다는 측면에서 각광받고 있습니다.

저는 시중에 초등학교 1학년 교과서를 미리 공부할 수 있는 다양한 부교재들이 나와 있는 것을 보고 적잖은 충격을 받았습니다. 1학년 1학기 〈이웃〉 교과서에는 어떤 내용이 등장하는지 친절하고 세세히 알려주는 입학준비서도 많습니다. 심지어는 〈이웃〉 교과서에 나오는 학습목표와 성취기준까지 알려줍니다. 이런 식으로 공부하면 과연 아이가 교과과정을 제대로 따라갈 수 있을까요? 선행학습을 시키고 싶은 마음은 이해합니다만, 이는 시간 낭비일 뿐입니다.

대부분의 아이는 통합 교과의 성취기준을 도달하는 데에 큰 어려움이 없습니다. 교과서를 미리 보고 온 아이는 학교에서 하품만 할 뿐입니다. 통합 교과 교과서를 먼저 보는 것 대신 다양한 주제의 그림책을 읽어보며 배경지식을 늘리는 것이 훨씬 효과적인 예습법입니다.

시간표 및 시정표

초등학교에서는 전 학년이 40분씩 1교시 단위가 되어 수업을 하게 됩니다. 보통 1학년의 경우, 입학 초기에는 40분 전체를 집중하여 앉아 있는 것 자체를 힘들어합니다. 그래서 담임선생님께서 융통성 있게 시간을 바꾸기도 합니다.

2014년까지 대다수의 학교가 8시 40분 등교였지만 2015년부터 9시 등교를 도입한 학교가 많아졌고, 현재는 9시 등교가 대부분입니다. 각 학교마다 약간의 차이가 있을 수 있지만, 9시 등교제를 시행하고 있는 보통의 기본 시정표는 아래 표와 같습니다.

시간	활동	참고사항
09:00	등교	
09:10~09:50	1교시	
09:50~10:00	쉬는 시간	우유 급식 실시
10:00~10:40	2교시	
10:40~10:50	쉬는 시간	
10:50~11:30	3교시	
11:30~11:40	쉬는 시간	
11:40~12:20	4교시	
12:20~13:10	점심시간	월·수·금요일은 점심식사 후 하교
13:10~13:50	5교시	화·목요일만 실시

요일별 수업을 확인한다

1~2학년은 월·수·금요일 4교시 수업 후에 급식을 먹고 하교합니다. 또 화·목요일은 4교시 수업 후 급식을 먹고 5교시 수업후 하교하는 경우가 많지만, 이것 또한 학교마다 다르니 반드시 잘살피도록 합니다.

2016학년도까지 1학년은 주당시수가 22시간이었습니다. 2학년도 1학년과 마찬가지로 22시간, 3~4학년은 26시간, 5~6학년은 29시간으로 주당시수가 늘어났었지요. 이는 학교에서 보내는 시간이 점차 많아진다는 것을 의미합니다.

그런데 맞벌이 가정 증가로 인한 학교의 보육기능 필요성이 커졌고, 다른 나라와 비교했을 때에 저학년 수업시수가 적었던 점 등을 이유로 2017년도부터는 변화가 생겼습니다. 즉 2017년도에 초등학교 1~2학년부터 적용된 '2015 개정 교육과정'에서는 초등학교 1~2학년의 주당시수가 23시간으로 한 시간 증배되었습니다. 요일별 수업시수는 학교 홈페이지에 가면 확인할 수 있고, 예비소집일에 학교에서 나눠주는 리플릿에서도 확인 가능합니다.

시간표를 확인한다

시간표는 반별로 다릅니다. 모든 반이 강당, 체육관, 운동장, 컴퓨터실, 도서실 등 특별실을 겹치지 않게 골고루 사용할 수 있도록 하기 위함입니다. 시간표는 학기 초에 담임선생님이 안내를 해줍니다. 하지만 초등학교에서의 시간표는 '고정시간표'가 아닌 '변동시간표'로 운영되기 때문에, 담임선생님의 재량에 따라 때에 따라, 또는 단원이나 계절에 따라 얼마든지 바꾸어서 수업할 수 있습니다. 그러므로 배부된 시간표와 함께 교사의 공지를 반드시 확인해야 합니다.

학교생활 미리보기

학교마다 담임선생님마다 조금씩 다를 수 있겠으나 미리 알아두면 도움이 되는 사항들을 정리해 봅니다.

준비물

기본적으로 학교생활에 필요한 준비물은 다음과 같습니다. 물론 입학 후, 담임선생님이 일러주는 준비물이 추가될 수 있습니다.

개인 위생용품

• 여분의 마스크를 2~3개 준비합니다.

(코로나19가 종식되긴 했지만 감기 등의 증상이 있을 때 착용하기도 합

니다.)

- 물비누도 준비하면 요긴하게 쓰입니다.

자

- 필통 안에 들어가는 작은 사이즈의 자를 준비합니다.

필통

- 고장이 잘 나지 않는 필통이 좋습니다.
- 떨어뜨렸을 때 큰 소리가 나는 철제필통은 피합니다.
- 게임 기능이 있는 필통은 공부하는 데 방해요소가 됩니다.

연필

- 한 교시당 1자루씩, 5자루의 연필을 준비합니다.
- 연필을 학교에 와서 깎지 않도록 전날 밤 모두 깎습니다.
- HB나 B연필이 사용하기에 편합니다.
- 연필을 깎은 후 필통 안에 보관하다가 연필이 자주 부러지기도 하므로 연필뚜껑을 마련하는 것이 좋습니다.

색연필, 사인펜

- 학교에서 제공하는 경우도 있습니다. 숙제용 색연필과 사인펜

도 필요하므로 가정용으로 준비해 둡니다.

- 뚜껑과 펜 본체에 모두 이름 스티커를 붙입니다.

검정색 네임펜

- 지워지지 않게 이름을 써야 하는 상황에 요긴하게 쓰입니다.

빨간 색연필

- 채점용으로 자주 쓰이므로 준비하면 좋습니다.

물티슈, 포켓 티슈

- 화장실에 갈 때, 책상을 닦을 때 등 비상시 요긴하게 쓰이므로 항상 구비하는 것이 좋습니다.

가림판

- 받아쓰기 시험을 볼 때 양쪽으로 세워야 하므로 2개를 준비하면 좋습니다.

수납바구니(일명 갈비바구니)

- 책상 서랍이나 사물함 속에 넣고 사물을 깨끗이 정리할 수 있도록 적당한 사이즈의 수납바구니를 준비합니다.

- 너무 크거나 높은 사이즈를 선택하지 않습니다.

스카치테이프

- 자주 쓰이므로 꼭 준비합니다.
- 스카치테이프의 사용법을 잘 알지 못하는 아이들이 많으므로 집에서 연습을 합니다.
- 테이프커터기가 달린 스카치테이프를 마련합니다.

딱풀

- 물풀보다 딱풀이 사용하기 편리합니다.
- 의외로 풀을 사용할 줄 모르는 아이들이 많으므로 가정에서 만들기 등을 해보며 연습합니다.
- 자주 쓰이는 물품인 만큼 빨리 소진되므로 두어 개를 준비해서 사물함에 두어도 좋습니다.

가위

- 아이 손에 맞는 적당한 수준의 가위를 준비합니다.
- 플라스틱 안전가위는 잘 들지 않고, 지나치게 예리한 가위는 위험합니다.
- 왼손잡이 어린이의 경우, 왼손가위를 준비합니다.

미니 빗자루, 쓰레받기

- 지우개 가루와 같은 쓰레기를 치울 때 요긴합니다.
- 매일 이것으로 자기 자리를 청소하게 하는 담임선생님들이 많습니다.

 미리 준비할 필요 없는 물건 ·····································

캐리어 가방

아이들은 많이 갖고 싶어 하지만, 실제로는 실용성이 없는 제품입니다. 내구성이 떨어져서 쉽게 고장이 날 뿐 아니라 교실 안에서도 사용하기가 굉장히 번거롭습니다.

샤프, 샤프심

초등학교 1학년 시기는 연필을 바르게 잡고, 바르게 글씨를 쓰는 교육이 중요하기 때문에 이를 방해하는 샤프는 필요가 없습니다.

묶음 공책

일기장, 종합장, 무제공책 등이 묶여져서 판매되곤 하는데, 담임선생님의 재량에 따라 다르므로 미리 구입하지 말고, 지시에 따라 구입합니다.

그림물감

1학년 교실에서는 거의 그림물감을 쓸 일이 없습니다. 물감만 빨리 굳을 뿐, 미리 사둘 필요가 없습니다.

48색 색연필, 사인펜 세트

가끔 48색 색연필, 사인펜 세트를 가지고 다니는 아이들이 있는데, 무겁기만 할 뿐 실용성은 떨어집니다. 책상에서 자리를 많이 차지하여 오히려 번거로우니 12색이면 충분합니다.

....

학급당 정원

학급당 정원은 각 학교별로 차이가 큰 편입니다. 2024년 서울시 교육청의 발표에 따르면 학급당 정원 미달로 인해 폐교를 하게 된 초등학교도 있지만, 한 반에 38명인 초등학교도 있습니다.

2002년 서울시 초등학교 학급당 평균 정원이 36.2명이었던 것에서, 2012년에는 25.5명, 2024년에는 22.1명으로 감소한 것을 보면 출산율의 감소, 학급 수의 증가 등 여러 요인으로 인해 학급당 정원이 감소하는 추세에 있음을 알 수 있습니다.

방과후학교

'방과후학교'는 수요자학생, 학부모의 요구와 선택에 따라 수익자부담 또는 재정지원으로 이루어지는 정규 수업 이외의 교육 및 보호 프로그램입니다. 따라서 각 학교마다 개설되어 있는 방과후학교의 강좌는 다를 수 있으며, 이는 학생과 학부모의 요구에 따라서 새로운 강좌가 생기거나 폐강이 되는 등 시기마다 달라지기도 합니다.

창의력 논술, 수학교실, 영어, 컴퓨터, 주산암산, 급수한자, 실험과학, 로봇제작 등과 같은 교과 교육 분야뿐만 아니라 피아노, 바이올린, 음악 줄넘기, 농구부, 탁구, 방송 댄스, 쿠킹 클레이, 미술, 요가 등 예체능 분야의 다양한 특기적성 교육을 개설한 학교도 많습니다.

방과후학교는 사교육비를 경감할 수 있을 뿐 아니라 다양한 교육 서비스를 학교라는 공간에서 제공받을 수 있습니다. 시간표를 보고 적절한 계획을 세운다면 정규 수업이 끝난 하교 이후 시간에도 아이들이 학교에서 안전하게 교육을 받을 수 있다는 장점이 있습니다.

보통 3월, 6월, 9월, 12월에 새로 개강을 하며, 빠르면 예비소집일, 늦어도 입학식 날에는 각 학교에 개설된 방과후학교의 팸플릿과 신청서를 받을 수 있으니 놓치지 말고 챙겨야 합니다.

방과후학교를 신청하는 방법은 학교마다 다른데, 각 학교의 홈페이지에서 온라인으로 신청을 받는 학교도 있고, 학교 안에 있는 '방과후코디실'에 아이가 직접 신청서를 제출하는 방법도 있습니다. 신청자가 많이 몰리는 경우에는 추첨을 통해서 수강생을 선발하기도 합니다.

돌봄교실

저소득층과 맞벌이 가정의 자녀를 위해 초등학교 내 별도로 마련된 돌봄교실에서 학생들을 돌봐주는 시스템입니다. 운영되는 시간은 학교마다 조금씩 다릅니다. 학교의 보육과 교육 기능을 확대하여 소외계층이나 보호를 필요로 하는 학생들에게 서비스를 제공하기 위한 제도로, 정규수업 이외의 시간을 가정과 같은 환경에서 편하고 안전하게 보내고, 맞춤식 과제 지도 및 특기 적성시간 운영으로 학생들의 소질과 재능을 계발하도록 하고 있습니다.

초등 돌봄교실은 크게 '오전돌봄, 오후돌봄, 저녁돌봄, 방과후학교 연계형 돌봄교실'로 나뉩니다. 그중 가장 대중적인 '오후돌봄'은 1~2학년 아이들이 이용할 수 있는 서비스로 편하게 쉬기도 하고, 학교 숙제도 하는 등 안전한 보육을 강조하며, 외부강사를 초빙해서 다양한 체험교육도 하고 있습니다. 또 1~2학년의 아동을 모두 수용하고도 추가 수용인원이 있다면 3학년 아이들도 우선순위에 따라 수용 가능합니다. 특히 2016학년도부터는 3~6학년 아이들을 대상으로 '방과후학교 연계형 돌봄교실' 서비스를 제공하고 있습니다. 학교에 개설되어 있는 방과후학교 프로그램과 연계하여 방과후학교를 가지 않는 시간에는 별도로 마련된 학교 내 교실에서 숙제 및 독서 등의 개인 자율활동을 하는 것입니다. 또 각학교 학부모 수요에 따라서 방학이나 휴업일 중에도 초등 돌봄서비스를 이용 가능합니다. 이처럼 초등 돌봄서비스는 해를 거듭할수록 전 학년의 아이들이 사용할 수 있도록 질 높고 안전한 서비스를 제공하고 있습니다.

개인 체험학습

학교에서의 단체활동도 중요하지만, 개별적인 체험도 중요합니다. 이러한 의미로 체험학습 신청서를 미리 제출한 아이는 결석을 해도 출석한 것으로 인정해 줍니다.

시골 할머니댁에 방문하는 것, 가족여행을 가는 것, 봉사활동에 참여하는 것, 외할머니 환갑잔치 등 집안 행사에 참여하는 것, 아빠의 직장에 가서 아빠가 하는 일을 체험하는 것 등 다양한 이유가 체험학습에 해당될 수 있습니다.

체험학습으로 인한 결석은 그 횟수에는 제한이 없으나, 휴일을 포함하며 연속 7일까지 출석으로 인정해 줍니다. 가족여행을 13일간 가게 된다면, 7일까지는 체험학습으로 인한 출석이 인정이 되고, 8일부터 13일까지 6일간은 결석 처리가 되는 것이지요.

각 학교 홈페이지 자료실에서 체험학습 신청서를 인쇄하여 작성하고 담임선생님에게 적어도 일주일 전에 제출한 뒤, 체험학습을 다녀온 이후에는 체험학습 보고서를 반드시 제출해야 합니다. 학교 양식에 맞게 약 A4 1장 분량으로 작성하면 됩니다. 사진과 교통티켓 등을 붙여도 좋습니다. 보고서라고 하여 거창한 형식이 있는 것은 아닙니다.

학교의 일 년 행사 미리보기

학교마다 실시되는 학교의 행사 내용과 시기가 다를 수 있으니, 학기 초 학교에서 배부하는 학사 달력을 버리지 않고 보관하는 것이 좋습니다.

입학식

한 학기를 시작하는 첫날, 1학년 아이들은 입학식을 통해 학교에 첫발을 내딛게 됩니다. 입학식은 운동장이나 체육관, 강당 등 1학년 전교생과 교직원, 가족 모두가 참석할 수 있는 넓은 곳에서 개최됩니다. 학교와 담임선생님에 대한 소개가 이루어지며, 아이들이 몇 반인지도 알려줍니다(입학식 며칠 전에 학교 홈페이지에 미리 공개하는 경우도 있습니다). 6학년 아이들이 1학년에게 선물을 증정하기도 하고, 가족들이 꽃다발을 안겨주면서 사진을 찍고 축하하기도 합니다.

입학식 날에는 입학식 행사 외 정규 수업은 없으며, 급식도 실시하지 않는 경우가 많습니다. 학부모에게는 많은 팸플릿과 학교생활에 대한 가정통신문이 배부되는 날이기도 하니, 입학식 날 담임 선생님의 설명을 귀담아들어야 합니다.

입학식 날 나눠주는 명찰은 대략 한 달 정도 착용합니다. 명찰을 가정에서부터 착용하여 등교하는 아이들도 있는데, 학교에 도착해서 직접 목에 거는 것이 좋습니다. 아이가 다니는 학교와 학년, 반, 이름을 동네 사람들에게 알릴 필요는 없으니까요.

가끔 부모님들이 언제까지 아이의 등하교를 도와주어야 하는지 묻는데, 입학 후 첫 한 달 정도는 도와주는 것이 좋습니다. 함께 등하교를 하면서 길도 익히고 위험한 것을 함께 살펴줍니다. 그다음부터는 학교 앞 문구점까지만 데려다주는 등 점차 데려다주는 거리를 줄여나가세요.

직장에 가야 해서 첫 한 달 간 부득이하게 아이의 등하교를 도와주지 못할 때에는 친한 학부모에게 부탁을 하거나 또래 친구들과 함께 등하교를 할 수 있도록 짝을 지어주는 것이 좋습니다.

등하교 지도는 아무리 강조해도 지나침이 없습니다. 학교에서도 반복해서 지도하지만, 가정에서도 반복해서 지도해야 하며, 아이의 동선과 생활패턴을 부모가 알아둔 뒤 관리하는 것도 아주 중요합니다.

학부모총회

3월 중순, 전국의 초등학교에서는 학부모총회가 열립니다. 보통 아이들이 하교한 이후 아이들의 부모님이 교실에 와서 모임을 갖게 됩니다. 학부모 공개수업과 학부모총회를 겸하여 하루에 실시하는 학교도 많습니다. 담임선생님께서 학급 규칙과 학급에 대한 안내, 준비물들을 보다 상세히 알려주며, 무엇보다 담임선생님의 교육철학과 방향을 알 수 있는 좋은 기회이므로 직업을 가진 학부모도 꼭 참석하길 권합니다. 특히 1학년의 경우, 학부모총회의 학부모 참석율은 매우 높습니다. 학부모 단체도 이날 조직이 됩니다. 학부모회, 명예교사회, 녹색어머니회 등 학교마다 조직되어 있는 단체의 종류는 다릅니다. 학부모들은 각 학부모 단체에서 하는 역할에 대한 안내를 받은 후, 원하는 단체에 참여할 수 있습니다.

현장체험학습

흔히 '소풍'이라고 말하는 것이 바로 '현장체험학습'입니다. 단순히 놀러가는 것이 아니라 학습을 위해서 가는 것이므로 요즘에는 소풍이라는 말을 쓰지 않고 현장체험학습이라고 부릅니다. 봄과 가을, 보통 1년에 두 번 떠납니다. 아이들이 제일 학수고대하는 날이지요.

현장체험학습은 교실 내에서는 배울 수 없는 것들을 직접 눈으로 보아 견문을 넓히고 체험해 보는 데 그 의의가 있습니다. 보통 1학년은 대공원이나 수목원으로 갑니다. 이날은 학교 급식이 이루어지지 않으므로 도시락을 싸와야 합니다.

체육대회

부모들의 어린 시절 가을마다 했었던 운동회는 초등학교에서 점점 사라지는 추세입니다. 운동회 준비로 인해 다른 교과목의 수업 시간을 침해받기 때문이지요. 가을 운동회가 없어지는 대신에 공굴리기, 콩주머니 던지기 등의 운동경기, 릴레이 등으로만 이루어지는 체육대회가 늘고 있는 추세입니다. 학교에 따라 다르지만 이날은 학부모가 구경와서 함께 응원할 수 있습니다(물론 필수로 참여해야 하는 것은 아닙니다). 운동회 말고도 어린이날과 같은 특별한 날에 소체육대회가 열리기도 합니다. 아이들이 운동장에 모여 학년별로 게임을 하며, 청군과 백군의 짜릿한 이어달리기 경주도 볼 수 있지요.

학부모 공개수업

그 시기와 횟수는 학교마다 차이가 있지만 보통 1년에 한 번 날을 정해 학부모 공개수업이 이루어집니다. 하루 종일 모든 일과를 참관하는 것은 아니고 정해진 수업만 공개를 합니다. 보통 학년별로 그 시간대에 차이를 두기 때문에 자녀가 두 명이면, 두 번 참관할 수도 있습니다. 수업 내용에 따라서 학부모님이 수업에 직접 참여하는 경우도 있고, 뒤에서 관찰만 하는 경우도 있습니다.

아이들이 교실에서 수업하는 모습을 볼 수 있는 절호의 기회입니다. 아이들은 부모님이 교실에 온다는 것 자체가 더없이 즐겁습니다. 1학년의 어린아이들이다 보니 부모님이 오지 않았다고 하루 종일 시무룩해 있기도 하므로 참석을 권합니다.

학부모 공개수업은 학부모가 자녀의 학교생활 모습을 '평가'하러 오는 날이 아닙니다. 자녀가 학교에서의 생활을 자신의 부모님에게 보여드리려 '초대'하는 날이지요. 학부모 공개수업에서 부모는 초대받은 입장이고, 초대받은 자는 아이를 평가해서는 안 됩니다. 그런데 종종 부모님들이 공개수업에서 자녀의 모습을 보고 실망을 하고, 한숨을 쉬기도 합니다. 자녀가 더 잘하기를 바라는 부모님의 마음일 것입니다. 하지만, 이날은 아이가 잘하고 있는 부분을 최대한 많이 찾아내어 칭찬해 주어야 합니다. 특히 첫 공개수업이라면 더욱 그렇습니다. 첫 공개수업 이후 부모님께 꾸중을 받은 아이가 학교가 즐거울 리 없습니다. 물론 아이가 고쳐야 할 부분도 있을지 모릅니다. 하지만 이런 부분은 단 하루에 고쳐지지 않는 문제인 경우가 많습니다. 그러므로 공개수업 때 발견한 자녀의 문제점은 앞으로 아이가 학교생활을 해가는 과정에서 꾸준한 관심을 가지고 천천히 수정해 주도록 하는 것이 좋습니다.

학부모 상담

이것 역시 시기와 횟수는 학교마다 차이가 있습니다. 입학 직후 학부모 상담을 실시하는 학교도 있고, 학기 중이나 말에 실시하는 학교도 있습니다. 대체로 입학식 후 3월 둘째 주나 셋째 주에 학부모총회가 열립니다. 이날 담임선생님께서 상담 신청하는 요령에 대해서 설명해 줄 것입니다(혹시 상담에 관련한 이야기를 안 해주었다면, 직접 물어봐도 됩니다). 상담을 반드시 신청해야 하는 것은 아니며, 상담을 원하는 학부모들에 한하여 정해진 기간에 신청을 받아 시간을 조율한 후 상담이 이루어집니다. 담임선생님도 아이에 대한 여러 가지가 궁금할 수 있습니다. 상담을 신청하는 것을 어렵게 생각하지 마세요. 학부모 상담기간이 정해져 있는 학교가 많으니, 이 기간을 잘 활용해도 좋습니다.

입학 직후에 실시되는 학부모 상담은 부모가 자녀에 대한 소개를 담임선생님에게 자세히 할 수 있는 장점이 있습니다. 학기 말에 실시되는 학부모 상담은 아이들의 학교생활 모습을 담임선생님으로부터 들어볼 수 있다는 장점이 있지요. 그런데 반드시 학부모 상담기간에만 담임선생님과 상담해야 하는 것은 아닙니다. 학부모 상담기간이 아닐지라도 담임선생님에게 미리 연락을 해서(적어도 3~4일 전) 시간을 조율하면, 아이에 대한 상담을 할 수 있습니다.

많은 학부모들이 이 상담기간에 담임선생님을 만나러 옵니다. 특히 1학년 1학기 첫 학부모 상담 때는 아이가 학교생활에 어떤 모습으로 적응하고 있는지를 궁금하게 여기므로 거의 모든 학부모가 상담 신청을 합니다. 그러므로 담임선생님과 상담하기 전에 나눌 이야기를 미리 정리하고 가는 게 좋습니다. 한 사람당 길어야 30분의 시간만이 허용될 만큼 일정이 가득 차 있기 때문입니다. 정리해 오지 않고 무작정 상담을 하면 뜬구름 잡는 이야기만 나누다 시간이 모두 흘러버리기도 합니다. 아이에 대한 간략한 소개와 성격 등을 꾸밈없이 이야기하고 선생님에게 궁금한 것을 질문해 보는 시간을 갖도록 하세요.

대부분의 아이들은 자신의 부모님이 담임선생님과 어떤 이야기를 나눌지 상당히 궁금해합니다. 자신에 대한 좋은 이야기를 할지, 아니면 좋지 않은 이야기를 할지 말이지요. 학부모 상담이 예정되어 있는 날이면 괜히 긴장을 하기도 합니다. 그리고 그런 아이들은 제게 직접 이렇게 묻기도 하지요.

"선생님, 오늘 우리 엄마한테 무슨 이야기하실 거예요? 저 사실 너무 떨려요. 우리 엄마랑 무슨 이야기할지 너무 궁금해요."

담임선생님은 아이가 가지고 있는 장점도 이야기해 줄 것이며, 어쩌면 단점도 이야기해 줄지 모릅니다. 집에서의 모습과는 전혀 다른 모습으로 학교생활을 하고 있다는 담임선생님의 말에 많이 당황스러울 수도 있겠지요. 아이에게 고쳐야 할 점이 있다는 선생님의 조언에 실망할 수도 있습니다. 나름대로 가정에서 열심히 지도했는데 상담 이후 허탈한 마음이 들기도 할 테지요.

이런 생각 때문에 많은 부모들은 학부모 상담을 마치고, 집에 돌아가 아이를 훈계합니다. 훈계를 하지 않는다고 해도 상담을 마치고 집에 돌아온 부모의 굳은 표정을 본 아이들은 긴장할 수밖에 없습니다. 그래서 상담을 하고 온 날은 아이에게 더욱더 환한 미소를 보여줄 필요가 있습니다. 평소보다 더 칭찬을 해줘야 하지요. 아이에게 부족한 점을 부모와 교사가 서로 인지하고 고쳐주고자 노력할 때 그 노력의 결실이 맺어진다는 사실을 알아야 합니다. 그리고 부모는 선생님이 지적한 단점 한 가지를 확대 해석하지 않도록 합니다.

"오늘 엄마가 담임선생님과 이야기를 나누고 왔는데, 엄마가 생각하는 것보다 훨씬 더 학교를 잘 다니고 있어서 깜짝 놀랐어. 엄마가 더 민수를 믿고 응원해 줘야겠다고 생각했어. 오늘 엄마는 민수의 엄마인 것이 너무 자랑스러웠어. 엄마의 아들로 태어나줘서 정말 고마워. 그리고 학교 열심히 잘 다녀줘서 고마워."

이 말도 덧붙여 주면 좋겠지요.

"민수의 선생님은 참 좋은 분이시더라. 민수가 잘하고 있다고 칭찬도 많이 해주셨어. 평소에 칭찬을 많이 해주고 싶은데, 아이들이 많아서 칭찬을 잘 못해서 미안하다고 하시더라고."

선생님이 나를 믿고 있고, 칭찬해 주고 싶어 한다는 마음을 부모에게서 들은 아이는 학교 오는 발걸음이 무거울 리 없습니다.

만약 선생님이 아이의 부족한 점을 지적했다면 아이와 함께 천천히 개선해 나가도록 합니다. 학부모 상담은 아이를 감시할 수 있는 기회가 아니라 선생님과 함께 아이의 바른 성장을 위해 이야기 나누는 기회라는 걸 잊지 맙시다.

CHAPTER 4

선생님, 궁금해요

Q 장애를 가진 아이, 일반 학교에 보내고 싶어요.

A 장애를 가진 아이도 일반 학교에 입학할 수 있습니다. 일반 초등학교에는 특수교육과를 전공하여 특수교육을 담당하는 선생님이 따로 있습니다. 이 선생님들이 '즐거운 반' '학습도움실' 등 학교마다 이름은 다르지만 특수학급을 운영하고 있기 때문에 입학할 수 있습니다.

특수학급에 들어가면 국어, 수학과 같은 주 교과시간에 특수학급으로 가서 담당선생님에게 수업을 받고, 나머지 시간에는 다시 원래 자신의 교실로 와서 반 아이들과 함께 통합 수업을 받습니다.

특수교육과를 전공한 정식 교사는 아니지만 '학습 보조 선생님'이 있는 학교도 있습니다. 이 선생님들은 일반 교실에서 장애를 가진 아이들이 함께 수업을 받을 때, 과제를 잘 수행할 수 있도록 옆에서 도와주는 역할을 합니다.

Q 정해진 체육복이 없다면 체육시간에 어떤 옷을 입혀서 학교에 보내나요?

A 엄마들이 어렸을 때에는 학교 앞 문구점에서 하얀색 체육복을 판매했었습니다. 체육시간에는 그 체육복을 입었고, 운동회를 하거나 소풍을 가는 등 특별한 학교 행사가 있는 날에도 입었습니다.

요즘 학교에서는 그 하얀 체육복을 고집하여 입히지 않습니다(오히려 하얀 체육복은 금방 더러워지므로 보기에도 좋지 않지요). 아이의 활동성에 알맞은 편한 옷을 입혀서 보내면 됩니다. 단 체육활동이 있는 날에는 모자가 달린 옷은 피하는 것이 좋습니다. 아이들은 흔히 '잡기놀이'와 같은 움직임이 큰 활동을 하는 경우가 있는데, 움직임이 큰 일부 아이들이 모자 부분을 뒤에서 잡아당기면 자칫 체육활동이나 놀이를 하다가 다칠 위험이 있습니다.

Q **쉬는 시간 10분 동안 아이는 우유 한 팩을 다 못 마셔요.**

A 우유를 잘 못 마시는 아이들이 더러 있습니다. 건강상의 이유로 우유를 마셔서는 안 되는 아이도 있지요. 이런 경우 꼭 담임선생님에게 미리 말해야 합니다. 해당 아이가 우유를 받지 않도록 학교의 행정실에 보고를 해야 하기 때문입니다.

우유를 마실 수 있지만 10분 안에 우유를 모두 먹지 못하는 아이들도 더러 있습니다. 이 경우도 담임선생님에게 미리 알리면 좋습니다. 또 우유 팩에 입을 대고 마시는 것보다 빨대로 마시는 것을 선호하는 아이도 있습니다. 가정에서 빨대를 가져와 우유를 먹어도 상관이 없습니다.

단, 배부된 우유는 학교에서 마시는 것이 원칙입니다. 우유를 가정에 가지고 갔을 때 상하여 탈이 나는 문제가 발생할 수 있기 때문입니다. 가능한 한 학교에 있을 때에 우유를 모두 마실 수 있도록 하고 그것이 너무 어렵다면 담임선생님과 조율하여 우유를 가정으로 가지고 가도록 허락받도록 합니다.

우유에 초콜릿 맛이나 딸기 맛이 나는 가루를 타먹는 것을 원하는 아이들도 많지만, 그것을 허용하는 선생님은 많지 않습니다. 흰 우유를 먹는 습관을 들이는 것이 여러모로 좋습니다.

Q **개근상과 정근상이 있나요? 결석의 종류와 출석일수에 대해서 알려주세요.**
A 개근상과 정근상은 따로 없습니다. 따라서 결석을 한다고 해서 상을 받지 못한다거나 교사의 꾸지람을 받는 등의 불이익은 전혀 없습니다. 하지만 책임감 있게 자신의 역할을 다해야 한다는 점에서, 특별한 이유가 없는 학생이 자주 결석하는 것은 문제가 있습니다. 단순히 늦잠을 자거나 아이가 학교를 가기 싫어하는 이유로 결석을 하지 않도록 유의해야 합니다.

결석의 종류에는 질병결석, 무단결석이 있습니다. 질병결석은 말 그대로 질병에 걸려서 학교에 등교하지 못했을 때를 말합니다. 담임선생님에게 연락하는 것에 부담을 느껴 질병결석을 미리 알리지 않는 학부모도 있는데, 학교로 전화를 걸어 교실 전화로 연결을 하거나, 담임선생님에게 메시지를 남기는 등의 방법으로 아이의 질병을 알려주는 것이 좋습니다. 콜레라, 볼거리, 수두, 유행성 눈병 등 아이의 질병을 보건교사에게 보고해야 하는 경우도 있기 때문이지요.

무단결석은 허용되는 이유 외 결석을 하는 경우입니다. 이유 없이 학교에 등교하지 않거나, 다른 이유가 있음에도 불구하고 담임교사에게 연락을 취하지 않을 때도 무단결석으로 처리될 수 있습니다. 외국 유학으로 인해 학교에 등교하지 않는 경우도 무단결석으로 처리됩니다.

결석은 했지만, 출석으로 인정이 되는 경우도 있습니다. 법정전염병에 걸린 경우나 체험학습 신청서를 내고 미리 허가를 받아 결석을 하는 경우가 이것에 해당됩니다.

1년간 전체 출석일수의 2/3를 출석해야만, 다음 학년으로 진급할 수 있습니다. 따라서 결석이 잦은 아이의 경우, 이를 잘 살핀 후 학교에 출석할 수 있도록 해야 합니다.

Q 초등학교에 입학하는 우리 아이에게 휴대폰이 필요할까요?

A 요즘 많은 아이들이 휴대폰을 소지하고 있습니다. 현재 1학년인 우리 반 아이들의 경우, 25명 중 10명 정도가 자신의 휴대폰을 소유하고 있습니다. 고학년으로 올라갈수록 더욱 많은 아이들이 소지하고 있지요.

휴대폰을 사주려면, 휴대폰이 필요한 이유에 대해 명백히 이야기를 나누어야 합니다. 휴대폰이 필요한 가장 큰 이유는 '통화'를 해야 할 상황 때문이겠지요. 따라서 통화를 해야 할 상황이 많은 아이라면 휴대폰이 꼭 필요할 것입니다.

단순히 게임을 하거나, 사진을 찍으려고 휴대폰을 사달라고 조르는 아이들이 많지만 게임을 하거나 사진을 찍는 것은 부가적인 기능이지 휴대폰의 주된 기능은 아니지요. 아이에게 휴대폰의 주된 기능을 알려준 뒤 필요한 상황이라고 판단이 되면 구매를 하십시오. 통화 이외의 부가적인 사용을 할 때에는 사전에 규칙을 정해서 이를 지키도록 지도합니다. 휴대폰 사용으로 인한 폐단은 생각보다 많습니다.

휴대폰을 구매한 이후에는 반드시 휴대폰 사용 예절을 알려주어야 합니다. 교실에서 수업시간에 휴대폰이 울리거나, 수업하는 교사의 사진을 찍는다거나 공부하는 친구의 사진을 찍는 경우는 절대로 있어서는 안 됩니다. 간혹 수업시간에 아이 휴대폰으로 전화를 하는 학부모들이 있습니다. 아이에게 수업시간에 전달해야 할 사항이 있다면, 아이 휴대폰이 아닌 담임선생님에게 연락하여 전달될 수 있도록 해야 바람직합니다.

Q **아이에게 용돈을 주어야 할까요? 만약 주어야 한다면 얼마가 적당한가요?**

A 스스로 돈을 관리하는 능력은 경제교육의 출발점이 될 정도로 중요합니다. 아이에게 용돈을 주는 것은 괜찮지만, 초등학생이 되었으니까 용돈이 필요할 것이라는 생각으로 무작정 용돈을 아이들에게 주어서는 안 됩니다. 아이가 용돈을 어느 정도 관리할 수 있는 능력이 되었을 때 실제로 용돈을 주는 것이 좋습니다. 요즘에는 용돈을 관리하는 법에 대한 경제 분야의 아이들 책이나 학습만화가 있으니 함께 경제교육을 한 뒤에 용돈을 주도록 하세요. 교육과정에 따르면 용돈기입장을 사용하는 것은 5학년쯤에 등장합니다.

워킹맘이라서 아이를 낮 시간 동안 돌볼 수 없으니 아이가 혹시 돈이 필요할 경우를 대비해서 비상금으로 용돈을 매일 천 원 정도 챙겨주는 엄마들도 있습니다. 하지만 아이가 용돈을 받는 것을 학교에 와서 자랑을 하거나 지갑을 보여주는 등의 행동을 하기 때문에 이렇게 용돈을 주는 일은 상당히 위험합니다. 돈을 늘 가지고 있는 아이라는 이미지가 생기면, 주변 친구들이 학교 앞 문구점에서 무엇을 사달라고 조르는 경우도 생기고, 돈을 가지고 있는 장면을 일부 비행청소년이 목격하였을 경우, 이로 인해 걱정할 만한 일이 생길 수 있지요.

Q 초등학교 교실에서 생일파티는 열리지 않나요?

A 각 반 담임선생님에 따라 차이가 큽니다. 아이들 각자의 생일에 파티를 열어 축하하는 이벤트를 갖는 선생님도 계신 반면, 한 달에 한 번 해당 월에 생일인 아이들을 축하하는 행사를 하는 선생님도 계십니다. 아예 생일파티 자체를 기획하지 않는 선생님도 많습니다. 생일파티 행사를 교실에서 열더라도, 간단한 수준이 될 것이고 학부모의 부담은 없을 것입니다. 계획된 수업 시간표 안에서 시간을 쪼개어 생일파티를 하는 것이기 때문입니다.

Q 초등학교 1학년의 표준 체격이 궁금해요.

A 교육부는 2020년에 2019년도 학생 건강검사 표본통계를 분석하여 발

표하였습니다. 이 통계는 어린이들의 신체발달 정도와 생활습관, 건강 문제를 알아보기 위함입니다. 이 통계 중 신체발달상황을 자세히 살펴보면, 초등학교 1학년 어린이들의 평균키는 남자아이가 122.2cm, 여자아이가 120.6cm였습니다. 또한 몸무게는 남자아이가 25.5kg, 여자아이가 24kg이었습니다. 초등학교 1학년은 태어난 날짜에 따라 개인별 신장 차이, 몸무게 차이가 확연히 드러나는 편이므로 영양 있는 식단과 규칙적인 운동으로 꾸준한 체격관리를 하는 것이 중요합니다. 다른 학년의 키, 몸무게는 아래 표를 참고하시기 바랍니다.

구분		평균 키(cm)		평균 몸무게(kg)	
		남	여	남	여
초등학교	1학년	122.2	120.6	25.5	24.0
	2학년	128.2	126.9	29.2	27.3
	3학년	134.1	132.8	33.5	31.1
	4학년	139.8	139.1	38.2	35.4
	5학년	145.3	146.0	43.1	40.8
	6학년	152.1	152.3	48.8	46.1

Q 초등학교 신체검사는 어떻게 이루어지나요?

A 신체검사는 매년 봄에 이루어집니다. 신체검사는 아이들의 정상적인 신체발달을 도모하고, 혹시 있을지 모르는 신체 결함과 질병을 발견하여 건강한 생활을 영위하도록 도와주는 것에 목적이 있습니다.

신체검사는 학교에서 이루어지는 체격검사와 소변검사, 구강검사 등으로 이루어집니다. 체격검사는 보건교사와 담임교사가 진행합니다. 체격검사는 키, 몸무게, 비만도를 측정합니다. 시력검사도 학교에서 이루어지는데, 안경을 착용한 아이는 안경을 착용한 채 교정시력을 측정합니다. 소변검사도 학교에서 진행합니다. 전문의료진이 학교에 방문하여 소변검사를 하는데, 별도의 이상이 있을 시에는 가정으로 통보합니다. 학교에서 이루어진 체격검사의 결과는 가정통신문을 통해 개별적으로 가정에 전달됩니다.

구강검사는 교육청에서 지정한 치과에 가서 검진을 받는 것을 말합니다. 간혹 학생들 중에는 따로 다니는 치과가 있어서, 지정된 치과에 가서 검진을 받지 않는 아이들이 있는데 번거롭더라도 반드시 지정된 치과에 가서 구강검진을 받아야 합니다. 구강검진비는 무료이며, 검진기간도 정해져 있으니, 그 기간에 반드시 검진을 받아야 합니다.

Q 방과후학교의 강사도 정식 교사인가요?

A 대부분의 방과후학교 강사는 초등 교사 자격증을 가지고 있지 않습니다. 하지만 그 학교에서 근무하는 교사가 방과후학교의 강사로 채용되어 강의를 할 수도 있기 때문에, 모든 방과후학교 강사가 초등 교사가 아니라고는 할 수 없습니다.

방과후학교 강사는 학교에서 강사를 모집하는 공고를 내어서 여러 지원자가 지원을 하면 서류심사, 면접 등의 공평한 절차를 거쳐서 채용됩니다.

Q 방과후학교의 강좌는 어떻게 개설되나요?

A 학부모의 요구에 의해 개설이 됩니다. 학기 말에 전교의 학부모를 대상으로 어떤 강좌가 개설되기를 바라는지 설문조사를 실시합니다. 이 설문조사의 결과에 의해서 해당 강좌를 개설하고 강사를 채용합니다. 따라서 개설되기를 희망하는 강좌가 있으면 설문조사에 적극적으로 참여하고 학교 홈페이지에 건의를 하면 됩니다.

다만 학부모의 요구에 의해서 강좌가 개설되었는데 해당 강좌를 신청한 아이들 수가 일정 기준에 미치지 못할 경우, 폐강이 될 때도 있습니다.

Q **임원 선거는 어떻게 이루어지나요?**

A 대부분의 초등학교에서는 초등학교 1학년의 임원을 선거를 통하여 선출하지 않습니다. 초등학교 1~2학년은 일별로, 혹은 주별로 돌아가면서 학급임원 역할을 맡다가, 초등학교 3학년부터 선거를 통해 선출하는 것이 보통입니다.

학급 임원 선거에 출마하기 위한 특별한 자격요건은 없습니다. 자기 추천이나 타인 추천으로 입후보한 뒤, 간단한 소견발표를 하고, 투표를 통해 선출합니다. 보통 한 학기에 한 번씩, 일 년에 두 번 선거를 통해 선출합니다.

Q **교실 환경미화는 누가, 어떻게 하나요?**

A 매년 2월 20~28일경에는 초등학교 교실 내 이사가 이루어집니다. 단시간 내에 교실을 이동해야 하니, 3월 학기 초에는 교실 뒤 게시판도 휑하여 교실이 다소 어수선할 수 있습니다.

교실의 환경미화는 담임선생님이 아이들과 함께 합니다. 교실의 앞쪽에는 아이들이 교사를 바라보는 위치이므로 교사가 아이들에게 강조하여 전달할 내용들을 주로 게시합니다. 시간표나 시정표, 식단표, 학급 규칙 등이 그 예입니다. 교실의 뒤쪽에는 보통 아이들의 작품으로 꾸며지게 됩니다. 또 계절에 맞게 수시로 바꾸며, 아이들의 작품도 수시로 바뀝니다. 따라서 교실의 뒤 게시판을 보면 각 반의 특징이 잘 드러난답니다. 간혹 학부모들 중에서 교실의 환경구성을 도와주려 하는 분들이 있는데, 아이들과 함께 꾸미는 공간이므로 크게 신경 쓰지 않아도 된답니다.

Q **스승의 날이나 명절에 선생님께 선물을 드려야 하나요?**

A 스승의 날, 명절 등에 담임선생님 선물을 따로 준비하지 마세요. 학부모들이 담임선생님에게 선물을 드리고 싶어 하는 마음을 저 또한 학부모가 되어보니 잘 알겠습니다. 저도 아이의 유치원 선생님에게 감사의 표시를 하고 싶어지는 때가 있기 때문입니다.

그런데 선물을 받는 사람의 입장에서는 선물을 받으면 여간 곤욕스러운 게 아닙니다. 돌려드려야만 하는 마음이 편할 리 있겠습니까. 선생님이 원하는 선물은 '믿음'입니다. 담임선생님의 교육철학을 존중해 주고 믿으며 지지해 주는 것, 이것이 최고의 선물입니다. 저 또한 감사하다는 진심이 담긴 편지 한 통에 너무나 행복했던 기억이 납니다.

Q 반 아이들에게 간식을 돌리고 싶은데요?

A 담임선생님의 사전허락 없이 교실로 간식을 보내는 학부모들이 간혹 있습니다. 수업을 하다가 상당히 당황스럽게 되지요. 원칙적으로 학교는 외부에서 반입된 음식을 먹는 것을 허용하지 않습니다. 혹시나 그 음식으로 인해 배탈이 나는 경우가 생길 수 있으니까요.

자칫 너 나 할 것 없이 간식을 돌리는 분위기가 되면, 경쟁하듯 간식을 돌리기도 합니다. 그러면 간식을 돌리지 않는 아이의 경우 한없이 의기소침해지기도 하지요. 따라서 간식을 돌리는 것은 상당히 신중해야 합니다.

일부 교장선생님들은 어린이날과 같은 특별한 날에 외부 간식이 학교로 반입되는 것을 막기 위해서 교문을 지키기도 합니다. 학교마다 또 담임선생님마다 상황이 다를 수 있으니 꼭 담임선생님과 미리 상의하기 바랍니다.

Q 일곱 살인 아이가 아직 줄넘기를 한 개도 넘지 못합니다. 동네 아이들을 보니 몇십 개를 넘는 아이도 있더라고요. 학교에서 가르쳐주나요? 줄넘기 연습을 좀 시켜야 할까요?

A 초등학교에 들어오면 줄넘기를 많이 하곤 합니다. 줄넘기 인증제를 실시하는 학교도 많아서 줄넘기 실력으로 상장을 받을 수도 있지요. 하지만

이런저런 이유를 떠나, 줄넘기는 모든 운동의 기본이 된다는 점에서 연습을 할 필요가 있습니다.

Q **회사 일이 바빠서 학부모 상담기간을 놓쳤는데 아이에게 관심이 없는 부모로 보일까요?**

A 보통 1학년 1학기에 이루어지는 상담의 경우, 25명의 학부모 중 20명이 신청할 정도로 상담의 열기가 무척 뜨겁습니다. 그만큼 아이의 학교생활에 대해 궁금한 점이 많다는 뜻이겠지요. 상담을 하고 싶은데 시간이 나지 않아서 신청하지 못하는 경우에는 선생님에게 상담기간 외에 상담할 수 있는지를 질문한 뒤, 상담을 받으면 됩니다. 아이 교육에 관심이 없는 학부모라고는 생각하지 않을 겁니다.

방문 상담이 아닌, 전화로도 상담이 가능하므로 전화 상담을 신청하는 것도 하나의 방법이 됩니다. 물론 전화보다는 방문이 훨씬 깊은 이야기를 나눌 수 있겠지요.

Q 상담을 갈 때 어떤 것을 준비해야 할까요? 선생님에게 선물이라도 드려야 할까요?

A 어떠한 선물도 할 필요가 없습니다. 상담 신청서에 이미 그러한 공지가 나갑니다. 상담은 담임선생님과 부모가 서로 원활히 소통하여 아이의 발전에 도움이 되는 것에 의의가 있습니다. 학부모 상담은 담임선생님께 인사하러 가는 것이 아닙니다. 이런 사소한 문제로 고민하는 것은 옳지 않습니다. 2016년 9월부터는 김영란법이라고 불리우는 청탁금지법이 생기면서 이것에 대한 단속은 더욱 강해졌습니다.

많은 학부모님들이 학부모 상담을 하러 오기 전에 어떤 옷차림으로 가야 하는지 고민을 합니다. 사람과 사람 사이에 첫인상이 중요하듯 교사와 학부모 사이의 첫인상도 중요하지요. 지나치게 화려할 필요도 없지만, 동네슈퍼에 온 듯 지나치게 편한 옷차림도 좋지 않겠지요. 아이의 생활에 대해 중요한 이야기를 나누러 온 자리인 만큼 서로에게 편안한 인상을 줄 수 있는 단정한 옷차림을 추천합니다.

Q 입학 후 첫 소풍, 엄마가 따라 가야 하나요?

A 코로나19로 인해 잠시 멈췄던 학교의 현장체험학습도 이제 다시 원상 복

귀되어 가고 있습니다. 거의 모든 학교에서 현장체험학습이 부활했습니다. 무려 3년 만의 현장체험학습이라 버스에 오른 아이들의 얼굴에서 웃음꽃이 가시질 않는 모습이었습니다.

초등학교 1학년 어린이들의 소풍은 '첫 번째 소풍'이라는 점에서 더욱 모두를 설레게 합니다. 더불어 안전에 대한 걱정도 당연히 따라오지요. 그렇지만 엄마가 현장체험학습에 동행하는 경우는 거의 없습니다. 신체적, 정신적으로 불편함을 겪는 경우 간혹 보호자가 동행하기도 하지만 이는 아주 흔치 않은 경우입니다. 그러니 아이들이 안전하게 잘 다녀올 수 있을 것인가 걱정되는 마음은 조금 덜어내셔도 좋습니다. 우리 아이들 스스로 엄마 품을 벗어나 학급의 친구들, 선생님과 함께 새로운 곳에서 규칙을 지키며 안전하게 잘 다녀올 수 있도록 용기를 심어주세요.

Q 우리 아이의 담임선생님이 부장선생님이라고 하던데, 부장선생님이 하시는 일은 무엇인가요?

A 부장교사란, 교사의 경력과 능력, 특기, 그리고 교사 본인의 희망 여부를 고려하여 학교 교장선생님이 임명하는 보직교사를 말합니다. 학급수가 36개 이상인 학교에는 보직교사를 12명 이내로 임명할 수 있고, 학급수

가 적은 학교는 6명을 보직교사로 임명합니다.

보직교사의 구체적인 보직은 학교마다 조금씩 다릅니다. 보통 교무일을 총괄하는 교무부장, 수업에 연관된 일을 총괄하는 수업연구부장, 과학정보 일을 총괄하는 과학정보부장, 아이들의 생활부문을 총괄하는 생활부장, 체육교과 일을 총괄하는 체육부장 등이 있을 수 있습니다. 이렇게 특수업무를 가지는 보직교사를 특수부장이라고 하고, 각 학년 일을 총괄하는 학년의 부장을 학년부장이라고 명합니다.

학교에
적응하지 못하는
우리 아이,
이유가 있다

입학 초기, 우리 아이들은 갑작스러운 환경의 변화를 겪습니다. 이로 인해 아이들은 긴장하고 매우 혼란스러워합니다. 아이의 마음속으로 한번 들어가 볼까요?

정들었던 친구들과 헤어진 일이 아직도 슬프기만 해요. 상냥하고 친절했던 유치원 햇님반 선생님이 보고 싶어요. 부끄럽긴 하지만 나도 동생 따라 다시 유치원에 가고 싶어요. 하필이면 나는 유치원에서 함께 놀았던 친구들과 모두 다른 반으로 배정되었어요. 나는 우리 반에서 아는 친구가 한 명도 없어요. 마치 외톨이가 된 것 같아요.

엄마의 품이 한없이 그립네요. 입학식 날 그랬던 것처럼, 우리 엄마가 교실 뒤에 매일 서 있었으면 좋겠어요.

아침에 일찍 일어나는 것도 너무 힘들어요. 더 자고 싶은데 억지로 깨우는 엄마가 미워요. 조금만 열이 나도 어린이집에 보내지 않고 집에서 책을 읽어주던 엄마였는데, 학교는 빠지면 안 된다고 말하며 내 등을 떠밀어요.

학교에서 밥도 먹기 싫어요. 엄마가 해주던 맛과는 달라요. 학교 급식 김치는 또 왜 이리 매울까요. 그냥 빨리 학교가 끝나서 집에 가고 싶어요. 빨리 먹는 아이들은 벌써 다 먹었는데, 나는 아직도 밥이 많이 남았어요. 언제 이걸 다 먹을 수 있을까요?

사교성이 좋아서 바뀐 환경에 적응을 곧잘 하는 아이도 입학 초기에는 약간의 트러블을 겪기도 합니다. 성격이 예민하거나 어린 시절부터 분리불안 증세가 있었던 아이들일수록 입학 초기 부적응으로 인한 트러블이 잦습니다.

하지만 이런 현상들은 학교에 적응하기 위한 아이들 저마다의 특별한 과정이기 때문에 양육자가 이를 너무 걱정할 필요는 없습니다. 아이는 여러 가지 경험을 통해 성장하니까요. 하지만 양육자와 교사가 아이의 부적응이 오래가지 않고, 빨리 적응할 수 있도록 최선을 다해야 하는 것은 당연합니다.

우리 아이가 입학 초기에 겪을 트러블을 최소한으로 줄일 수 있도록 가정에서 양육자가 해줄 수 있는 방법을 소개합니다. 이는 초등학교 1학년뿐만 아니라 앞으로 아이가 보낼 학교생활에 큰 도움을 줄 것입니다.

등교를 거부하는 아이

"엄마, 나 학교 안 갈래. 나 학교 가기 싫어."

아이가 울음을 터뜨리며 갑자기 등교를 거부합니다. 아이는 교실에 들어가는 것이 너무나 싫다고 말합니다. 이제껏 여러 종류의 어린이집과 유치원을 거쳤음에도 불구하고, 등원을 거부했던 적은 단 한 번도 없던 아이였기에 부모는 이와 같은 상황이 많이 당황스럽습니다.

무엇 때문에 그러느냐 물어봐서 회유도 해보고, 학교는 유치원과 다르니 반드시 가야 하는 곳이라고 강요도 해봅니다. 하지만 냉랭한 아이의 표정은 부모를 혼란에 빠뜨립니다.

학교에 가기 싫다며 부모님에게 이야기하는 경우는 차라리 조금 낫습니다. 부모님에게조차 학교 가기 싫다는 말도 못하고 끙끙 속

앓이를 하는 아이들도 간혹 있으니까요.

자녀가 학교를 가기 싫어한다면, 일단 부모는 그 근본적인 이유부터 찾아야 합니다. 아이가 적극적으로 등교를 거부하는 것은, 그만큼 자신에게 도움이 필요하다는 것을 의미합니다. 그러므로 등교를 거부하는 자녀에게 "학교는 어떠한 일이 있어도 가야 한다"라거나 "이제 너도 초등학생이니까 학교에서 생긴 문제는 자기 스스로 해결할 줄 알아야 한다"는 식의 멘트는 좋지 않습니다. 아이의 외침은 부모의 도움을 간절히 원하고 있다는 강력한 표시입니다.

학교를 가기 싫어하는 데에는 아이 나름의 이유가 분명히 있습니다. 그 이유는 한 가지일 수도 있고, 여러 가지 복합적인 이유일 수도 있습니다. 등교를 거부하는 이유를 부모가 어느 정도 알게 되면, 동시에 해결의 실마리를 함께 찾을 수 있음을 의미합니다. 따라서 이와 같은 문제 상황에서 언제나 가장 중요한 것은 자녀와의 긴밀한 대화입니다. 자녀가 등교를 갑자기 거부한다면, 저는 부모와 아이가 충분한 대화를 하는 것을 적극 권합니다. 대부분의 아이들은 부모님과의 긴밀한 대화 속에서 스스로 해답을 찾기도 하고, 부모의 지지에 힘입어 극복해 보겠다는 의지를 다지기도 하기 때문이지요. 우리도 누군가에게 고민을 털어놓는 것만으로도 스트레스가 풀리는 경험을 한 적이 있습니다. 부모가 자녀의 이야기를 들어주고, 이야기를 할 수 있게 분위기를 조성해 주는 것만으로도 어느 정도의 가벼운 등교 거부는 해결될 수 있습니다.

제가 가르쳤던 1학년 아이들 중에서도 정도의 차이는 있지만 등교를 거부하는 아이들이 있었습니다. 대부분 등교 거부 문제는 부모와 교사가 함께 소통하면 해결됩니다. 교실에서 살펴보니, 실제로 등교를 거부하는 아이들은 여러 이유가 있었습니다.

입학 전부터 등교 거부

초등학교 입학 전부터 초등학교 입학에 대해 큰 부담감을 가지고 있는 아이들이 있습니다. 갑작스러운 환경변화에 민감한 반응을 보이는 아이들이 주로 그렇습니다. 또 부모와의 분리불안 증세를 보이는 아이들도 이 경우에 속합니다. 부끄러움이 많고 수줍은 성격을 가진 아이들 중에서도 더러 입학 전부터 등교를 거부하는 아이들이 있기도 합니다.

저는 이런 경우 모두, 부모의 줏대 있는 태도가 아주 중요하다고 생각합니다. 환경변화에 민감하고, 부끄러움이 많고, 수줍어하며, 분리불안 증세가 있는 것은 아이가 가지는 결정적인 약점이 절대 아님을 인지해야 합니다. 아이가 입학 전부터 등교를 거부하는 것을 절대 부끄러워하거나, 겉으로 걱정하는 모습을 가급적 보이지 말아야 합니다.

갑작스러운 환경변화에 적응하는 것도, 부끄럽지만 조금씩 내

목소리를 내보는 것도, 수줍지만 아이들에게 다가가는 것도, 부모와 헤어지는 것이 익숙해지는 것도 모두 '시간'이 해결해 줄 것이기 때문입니다. 그러니 부모가 먼저 여유로운 마음을 가지고 아이에게 성급한 적응을 강요하지 말기를 바랍니다.

아이에게 학교에 적응할 충분한 시간이 있음을 계속 알려주고, 가족 모두가 함께 도울 것임을 계속해서 이야기해 주세요. 아이의 등교 거부는 눈에 띄지는 않지만 조금씩 좋아질 것입니다.

입학한 뒤 등교 거부

유치원 등원을 거부했던 경험이 없는 아이가 입학 후에 등교를 거부하는 것은 아이가 처한 상황에 따라 이유가 아주 다양할 수 있습니다. 새로 만난 짝꿍과의 트러블이 있을 수도 있고, 새로 바뀐 학교 시스템이 아직 어색하여 불편함이 있어서 그럴 수도 있습니다. 또 3월 입학과 동시에 새로운 학원도 다니게 되는 등 갑자기 수행해야 할 일이 많아짐에 따라 체력적인 한계에 부딪혀서 등교를 거부할 수도 있습니다. 또 흔한 경우는 아니지만, 자녀에게 이제껏 없었던 양육자와의 분리불안 증상이 갑자기 생겨날 수도 있습니다. 실제로 그로 인해 한 학기 내내 교실 밖 복도에 서서 아이 곁을 지켜야 했던 학부모도 있었어요. 친구들과 트러블을 자주 일으킨 나머지, 친구들 사이에서 편안한 이미지를 얻지 못한 아이의 경우에도 전학을 가고 싶다며 등교를 거부하기도 합니다.

입학 이후 보이는 아이들의 등교 거부는 아이들마다 정도의 차이가 큽니다. 가벼운 등교 거부는 부모의 지지와 응원, 대화로 충분히 이겨낼 수 있지만, 심한 등교 거부는 무작정 지켜보는 것만으로는 해결이 어려울 수 있습니다. 담임선생님과의 면밀한 대화와 협조가 필수이므로, 지속적인 상담을 통해 함께 해결해 나가고자 하는 적극적인 노력이 필요합니다.

학교가 무서운 아이

부모는 아이에게 평소 학교에 대한 이야기를 많이 들려주는 것이 좋습니다. 아이가 학교생활에 대한 기대감을 가질 수 있기 때문이지요. 아이와 동네 산책을 하면서 아이가 다닐 학교가 어디에 있는지 알려주고, 운동장을 한 바퀴 거닐어도 좋습니다.

학교는 무서운 곳이란 인식을 심어주지 않는다
이런 말은 양육자가 아이에게 절대 해서는 안 됩니다.

"넌 학교 가면 선생님한테 매일 혼만 날걸?"

"너 이런 식으로 하는데, 어떻게 학교에 갈래?"

"에휴~ 걱정된다. 학교 가서 앞가림이나 할 수 있을지."

"학교 가서 선생님한테 혼 좀 나봐야 해!"

아이에게 학교가 무서운 곳이라는 인식을 심어주는 것은 옳지 않습니다. 실제로 학교는 무섭지 않은 곳이니까요. '학교는 무서운 호랑이 선생님이 계시는 곳'이라는 생각을 아이가 은연중에 갖게 되면, 아이는 입학식을 기대감이 아닌 두려움을 가진 채 준비하게 됩니다. 두려움을 안고 학교에 온 아이들은 자신감 있게 학교생활을 할 수 없겠지요.

학교생활을 미리 이야기해 준다

유치원과는 다른 학교생활을 아이에게 미리 이야기해 주는 것도 좋습니다. 유치원에는 없지만 학교에는 있는 것들을 알려준다거나 유치원과는 비교도 안 될 만큼 큰 학교의 규모에 대해서 이야기해 주는 것도 좋습니다.

입학식이나 공부시간 이야기, 체육대회나 소풍 이야기 등 가까운 미래에 겪을 이야기들을 자주 해봅니다. 미리 충분한 이야기를 들은 아이들은 직접 학교에 와서 생활을 할 때 당황하지 않습니다.

EBS에서 방영되었던 〈두근두근 학교에 가면〉이라는 프로그램이 있습니다. 알림장으로도, 가정통신문으로도 절대 전해질 수 없었던 초등학교 1학년 교실의 따뜻하고 유쾌한 풍경을 담아낸 좋은 프로그램입니다. 아이들과 함께 이 프로그램을 보다 보면, 자연스레 학교를 무서운 환경이 아닌 친근한 환경으로 받아들일 수 있으니, 자녀와 함께 시청하는 것을 권합니다.

다시 한번 강조하건대 학교에 대해 무서운 인식을 아이에게 심어주지 않도록 합니다. 아이는 자신이 겪을 환경의 변화 때문에 불안한 마음을 가지고 있으니 말이지요.

엄마가 믿지 못하는 아이

마음속에 혹시 이런 의문을 품고 있지는 않습니까?

'우리 아이가 잘 적응할 수 있을까?'
'아직 어린데 잘할 수 있을까?'

아이는 자신이 불안한 만큼 엄마도 불안해하고 있다는 것을 알게 되면, 그 불안감은 증폭됩니다.

아이는 믿는 만큼 자란다

아이들은 부모나 교사가 믿어주는 만큼 그 역량을 발휘합니다. 엄마가 자신을 믿어주지 않는 모습에 "엄마가 날 못 믿는단 말이야? 내가 얼마나 더 잘하는지 보여주겠어!"라고 마음을 다잡는 아이는 없습니다. "우리 엄마가 날 이렇게까지 믿어주는데, 나도 잘해야지!"라는 각이 자녀의 마음에 생기도록 아이를 믿어주어야 합니다.

"우리 아들은 학교에 가면 아마 더 잘할 거야. 엄마는 아들을 믿어."

이렇게 소리 내어 응원해 줍시다. 아이를 믿어주는 것만큼 아이를 응원하는 좋은 방법은 없습니다. 아이 안에 있는 1%의 작은 가능성이라도 100% 믿어주는 부모는 그 1%의 가능성으로 스스로를 긍정하는 아이로 키울 수 있습니다. "넌 할 수 있어"라고 아이에게 자주 말해주는 것은 아이의 자신감을 향상해 줍니다.

부모의 어린 시절 이야기를 들려준다

아이들의 영원한 멘토는 부모님입니다. 아이는 항상 엄마, 아빠의 어린 시절이 궁금합니다. 엄마, 아빠의 초등학교 시절의 모습을 사진으로 보여주는 것은 어떨까요?

아이에게 부모는 절대적인 존재입니다. 항상 닮고 싶어 하지요. 이상하게도 사진 속 귀여운 엄마, 아빠의 모습은 현재 자신의 모습과 많이 닮았다는 것을 보면서 아이는 아직 시작하지 않은 학교생활에 대해 편안한 마음을 느끼게 됩니다. 또 자신이 부모와 닮았다는 그 사실만으로도 기뻐합니다. '나도 엄마, 아빠처럼 잘할 수 있어'라는 자신감도 생기게 되지요.

아이가 태어나면서 뒤집기를 하고, 배밀이를 하고, 걸음마를 하며, 말을 하는 등 지금까지의 사진을 함께 보는 시간도 가져봅시다. 사진을 함께 보면서, 자녀가 태어나 유치원을 졸업하고, 곧 입학을 하게 되기까지 바르게 커주고 건강하게 자라난 것에 감사의 표현을 하는 것이지요. 또 이제까지 잘해낸 것처럼, 학교생활도 잘할 것이라는 믿음을 아이에게 보여주세요. 부모의 무조건적인 사랑과 믿음은 눈에 보이지 않지만 분명히 아이에게 좋은 영향을 끼칩니다.

도움을 요청하지 못하는 아이

엄마의 품을 벗어나 처음 학교에 오는 아이들은 아직 어립니다. 담임선생님은 한 명이지만 아이들은 많기 때문에 담임선생님이 모든 아이들을 동시에 보살필 수 없습니다. 아이들은 곤란한 상황에 부딪쳤을 때 누군가에게는 도움을 요청할 줄 알아야 합니다.

위기대처 능력을 기른다

놀이터에서 친구와 놀다가 다칠 수도 있고, 학교 안에서 길을 잃을 수도 있습니다. 배가 아파서 선생님께 이야기해야 하는 상황도 생길 수 있고, 숙제를 깜빡 잊고 가지고 오지 않아서 사정을 설명해야 하는 상황도 생기지요. 수저가 없어서 점심시간에 곤란한 상황이 생기기도 합니다.

이러한 예기치 못한 상황에서 차분히 자신의 상황을 설명할 수 있는 위기대처 능력이 아이에게는 필요합니다. 필요한 것을 이야기할 줄 알고, 선생님이나 주변 어른에게 도움을 청할 수 있어야 더 큰 위험에 빠지지 않습니다.

엄마, 아빠의 이름과 휴대폰 번호도 외울 수 있어야 합니다. 등하교 시 길을 잃는 등 예기치 못한 상황이 나타날 수 있으니까요.

화장실에 혼자 가는 훈련을 한다

학교에 처음 온 우리 아이들에게 학교생활은 긴장의 연속입니다. 긴장을 많이 한 탓에 화장실에 자주 가고 싶어 합니다. 너무 긴장한 나머지 화장실이 어디 있는지도 잘 기억하지 못할 때도 있지요. 그래서 1학년 아이들은 교사와 다 함께 화장실에 갑니다.

긴장을 하면 유난히 화장실에 자주 가는 아이들이 있습니다. 실제로는 대소변이 나오지도 않는데 그냥 나올 것 같은 이상한 느낌이 들기 때문이지요. 자녀가 유난히 이런 현상을 자주 보인다면, 반드시 담임선생님께 미리 알려줘야 합니다. 담임선생님이 알고 있는 것과 모르는 것은 큰 차이가 있습니다.

이런 일은 아이를 다그쳐서 해결될 일이 절대 아닙니다. "화장실에 가서 소변도 안 볼 거면서 왜 자꾸 화장실에 가는 거니? 좀 참아봐"라고 훈련시킨다고 해결될 문제가 아닙니다. 방광은 우리 신체기관 중 예민한 기관 중 하나입니다. 그래서 이 문제는 아이의 현재 심리상태를 대변하는 것입니다. 위와 같은 사실을 담임선생님이 모르고 있다가, 서로 간에 오해가 생길 수도 있으니 반드시 담임선생님께 알리도록 합니다.

수업 중에는 화장실에 혼자 가야 하는 경우도 생깁니다. 안타깝게도 화장실 용무를 보고난 후 뒷정리가 미숙한 아이들도 종종 있지요. 특히 두꺼운 옷을 입어야 하는 3월 학기 초에는 옷매무새를 잘 정리하지 못하고 돌아오는 아이도 많습니다. 초등학교 화장실은 좌변기가 대부분이기 때문에 쪼그려 앉아서 용무를 해결하는 것도 아이들에겐 꽤 낯선 일일 것입니다. 선생님께 화장실에 가고 싶다는 말을 하지 못해 그만 교실에 실례를 하거나 화장실에 가는 도중에 실례를 하는 아이들도 물론 있습니다. 아이 스스로 부끄러움을 느끼기 때문에 놀림을 받을까 봐 학교에 가기 싫다며 울기도 하지요.

그러므로 화장실에 혼자 가는 연습이 필요합니다. 입학식 날 부모와 함께 교실부터 화장실까지 같이 가보고, 앞으로 이 화장실을 쓰게 될 것이라는 안내도 차분하게 알려주세요. 아이는 한결 마음이 놓일 것입니다.

학교에 가기 싫어하는 아이

아이들이 학교에 입학한 후 3월 말과 4월은 체력적으로 많이 힘들어하는 시기입니다. 실제로 3월 말과 4월 초에 많은 아이들이 감기에 걸립니다. 환절기이기도 하지만 긴장했던 한 달이 지나고 학교생활에 차차 적응이 되면서 긴장이 풀리는 시기이기 때문입니다. 이를 '신학기증후군'이라고 말합니다. 열이 나지도 않고 기침도 하지 않는데, 배가 스르르 아프다고 말하는 아이들도 있습니다. 이는 아이가 긴장이 풀리면서 체력에 부담을 느껴 나타나는 증상으로 특히 이 시기에 학교에는 결석생이 많이 생깁니다.

규칙적인 생활습관을 갖는다

취학 전에는 충분한 휴식을 취해서 체력을 보충해 놓아야 합니다. 또 입학하고 난 뒤, 3월 한 달은 주말에 아이를 푹 쉬게 해줘야 하지요. 주중에 쌓였던 스트레스와 긴장을 주말 동안 풀어주지 않으면 아이들은 체력에 부담을 느끼게 되니까요.

하지만 충분한 휴식을 취해야 한다고 해서 규칙적인 생활패턴을 잃어버리게 해서는 안 됩니다. 8시 40분까지 걸어서 등교해야 하는 학교생활 패턴에 맞춰 일찍 자고 일찍 일어나는 습관을 꼭 갖도록 합니다. 이 습관을 미처 갖지 못하고 학교에 오는 아이들은 오전 수업에 활기차게 임할 수 없습니다. 초등학교 1학년 아이들이 학교에 오자마자 책상에 엎드려 자는 경우도 종종 있습니다.

등교하기 전 아이를 다그치지 않는다

담임선생님은 1교시에 아이들의 컨디션을 살핍니다. 유난히 풀이 죽은 아이가 눈에 띄면 무슨 일이 있느냐고 물어보기도 하지요. 눈물을 왈칵 쏟을 것만 같아 걱정스러운 마음에 학부모에게 연락을 해보면 대부분 등교하기 전 아이를 크게 다그쳤다고 고백합니다.

모두가 바쁜 아침, 아이를 깨워 등교시키다 보면 답답할 때가 많습니다. 하지만 아이가 매일 꾸중으로 하루를 시작하면 학교에 가는 기분이 좋지 않겠지요. 이 기분으로 교실에 들어온다면 공부하고 싶은 마음도 분명 사라질 겁니다.

심지어 매일 같은 시간에 같은 내용으로 꾸중을 하는 것은 내성만 생길 뿐 그 효과가 크지 않습니다. 입학 초기 등교하기 전의 습관을 잘 들여서 아침에 아이를 꾸중하는 일이 없도록 합니다.

✏️▶

선생님이 싫은 아이

사실 많은 부모들이 자녀의 입학을 앞두고 제일 궁금한 것은 '담임선생님'일 것입니다. 1년 동안 자녀와 한 교실에서 생활할 담임선생님의 성별과 나이, 교육철학과 훈육 스타일 등 여러 가지가 궁금할 테지요.

담임선생님을 신뢰한다
설사 담임선생님이 마음에 들지 않거나 부모의 교육관과 조금 달라도 선생님을 믿어주는 것이 자녀에게는 큰 도움이 됩니다.

"너네 담임선생님은 참 이상하더라."
"도대체 그 선생님은 왜 그러신대?"

부모가 선생님에 대한 부정적인 이야기를 하는 것은 아이가 학교에 소속감을 느끼며 생활하는 데 방해가 됩니다.

"민수랑 놀지 말고, 은지랑 놀아."

아이에게 이렇게 일러주는 것 또한 좋은 교육방식이 아닙니다. 어른의 눈에는 민수가 은지보다 못난 구석이 더 많을지 모르지만, 아이들 세계는 다릅니다. 민수에게도 분명 장점이 있고 그것을 아이로 하여금 발견하게 도와야 합니다.

초등학교 저학년 아이들은 가끔 거짓말을 하기도 합니다. 우리 아이의 말만 듣고 다른 아이의 잘못을 지적하는 등의 행동은 옳지 않습니다.

선생님에게 아이에 대한 충분한 정보를 준다

입학 초, 담임선생님은 아이들에게 '가정환경 조사서'를 배부합니다. 생년월일, 주소 등을 비롯한 아이의 인적사항을 적어야 하고, 본교에 있는 아이의 형제관계나 친한 친구의 이름을 적으라도 합니다. 마지막에는 아이의 장점과 단점, 선생님께 하고 싶은 말을 적는 칸이 있습니다. 아이의 여러 가지가 궁금한 교사 입장에서는 이 칸이 빈칸으로 되돌아오면 아쉬울 수밖에 없습니다.

담임선생님에게 아이에 대한 충분한 정보를 주는 것이 좋습니다. 그래야 담임선생님이 그 아이의 성격이나 심리를 파악해서 눈높이에 맞는 교육방식을 선택할 수 있지요. 초등학교 1학년은 성격, 심리가 학교생활 적응에 결정적인 역할을 하므로 부모가 제공하는 충분한 정보는 아주 중요합니다.

아이의 건강상태와 취학 전 앓았던 병도 적어주면 좋습니다. 알레르기가 있어서 아이가 먹지 못하는 음식이나 급식지도 때에 부탁할 사항도 적으면 좋지요.

 학교 부적응의 예 ··

ADHD

'주의력결핍과잉행동장애'를 말합니다. 주의산만, 과잉행동, 충동성을 동시에 보이며, 이 증상이 또래 아이들보다 현저히 심합니다. 타인의 말을 끝까지 듣지를 못하거나 자신이 해야 할 일을 금방 잊어버리기도 합니다. 감정의 기복이 심하고 좌절감을 쉽게 느껴 충동적으로 행동하기도 합니다.

분리불안

의존하고 있는 대상과 분리되었을 때 느끼는 불안감을 말합니다. 어느 정도의 분리불안은 정상적인 범주에 속하나 등교를 거부하는 등 심한 경우의 분리불안도 있습니다. 심한 분리불안을 느끼는 아이의 엄마는 아이가 적응이 될 때까지 어느 기간은 복도에서 아이를 기다리는 등 적응을 위한 노력을 기울여야 합니다.

틱

특별한이유 없이 자신도 모르게 얼굴(특히 눈꺼풀)이나 어깨, 목, 몸통의 일부분을 아주 빠르게 반복적으로 움직이거나 이상한 소리를 내는 것을 말합니다. 7~11세의 아이들에게서 보이며, 심리적인 영향으로 악화되기도 합니다.

학습장애

학습장애란 읽기, 쓰기, 추론, 산수 계산 등의 능력과 획득 및 사용에 있어서 심각한 곤란을 겪는 증상을 말합니다. 다양한 원인을 배경으로 하는 이질적인 장애군을 총칭하는 용어이지요. 심리적이나 환경적인 요인에 의해 나타나는 것은 아닙니다. 적기에 발견하여 치료받는 것이 좋습니다.

선생님, 궁금해요

Q 담임선생님께 아이가 주의집중을 못한다고 연락을 받았어요. 유치원선생님과는 상반된 말씀이라 꽤 당황스럽네요.

A 유치원에서 아이에게 기대하는 수준과 초등학교에서 아이에게 기대하는 수준은 다를 수 있습니다. 따라서 유치원에서는 집중을 잘한다고 칭찬받던 아이가 초등학교 입학 후에는 집중을 못한다는 이야기를 들을 수 있지요. 하지만 너무 낙담하지 마세요. 오히려 전화를 준 담임선생님에게 감사하는 마음을 가져보세요. 모든 선생님들은 학부모님에게 불편한 이야기를 꺼내는 것에 어려움을 느낍니다. 저 또한 학급에서 일어나는 일들을 어떻게 해서든 제 선에서 해결하려고 노력하고 학부모에게 전화하는 일은 극히 드뭅니다. 담임선생님이 아이의 생활태도나 습관을 올바르게 잡아주고자 가정의 협조를 구하는 것입니다.

주의집중을 잘하지 못하는 아이의 생활태도를 단 한 번에 바꾸기는 상당히 어렵습니다. 하루 이틀이 아니라 장기적인 안목을 가지고 가정에서 지도해야 하지요.

주의집중을 잘하지 못하는 아이들의 대부분은 무엇을 하고자 하는 동기와 의지가 현저히 떨어집니다. 무엇을 하고자 하는 의지가 있어야 집중을 하여 과제를 수행할 수 있는데 그 의지가 부족한 것이지요. 따라서 과제를 시작하기에 앞서 왜 그것을 해야 하는지를 완전히 이해시킨 후에 수행하는 것이 좋습니다. 또한 집중시간이 짧기 때문에 하나의 과제를 오랫동안 붙잡고 있는 것보다 15~20분마다 과제를 바꾸어 주는 것이 더 효과적입니다. 교사와 부모가 일관성 있게 교육할 때 더욱 효과가 크기 때문이지요. 아직 1학년이기 때문에 절대 늦지 않았습니다. 1학년 1학기에 많이 산만했던 아이가 부모와 교사의 일관된 교육으로 바르게 성장하는 경우를 많이 보았습니다.

담임선생님에게 좋지 않은 이야기를 들었다고 해서, 믿었던 자녀에 대해 실망감을 갖지 말고, 아이의 발전을 위한 조언으로 받아들이기 바랍니다.

Q **전학을 시키는 절차가 궁금해요.**

A 거주지 이전으로 인한 전학을 계획하고 있다면, 먼저 정확한 전학 시기를 담임선생님께 이야기해야 합니다. 정확한 전학 날짜가 정해졌다면, 마지막 등교하는 날까지 교실에 남은 소지품이 없도록 해야 하며, 다니던 학교의 스쿨뱅킹도 해지해야 합니다.

거주지를 이전한 후, 각 해당 주민센터에 가서 전입신고를 할 때 전입신고서 접수증을 받아야 합니다. 전입신고 접수증에는 아이가 다닐 학교 이름이 적혀있습니다. 이 접수증을 가지고 다음 날 전입할 학교에 가면, 교무실에서 아이의 반을 배정해 줍니다. 그리고 새로운 담임선생님께서 아이에게 책상, 사물함 등을 배정해 주실 것입니다. 전입한 날부터 학교 수업은 정상적으로 이루어지므로 교과서와 필기도구 등을 챙겨가도록 합니다.

아이의 학교생활기록부나 건강기록부 등과 같은 서류는 담임선생님께서 처리할 것이므로 신경 쓰지 않아도 됩니다.

Q 외국으로 유학을 보내고 싶은데 합법인 유학은 없나요?

A 원칙적으로 중학생 이전의 학생이 외국으로 유학을 가는 것은 모두 불법입니다. 따라서 외국으로 아이가 유학을 가게 되면 담임선생님은 아이를 무단결석으로 처리합니다. 무단결석으로 계속 처리를 하다가 아이가 결석한 일수가 연간 수업일수의 1/3을 넘게 되면(약 3개월), 이 아이는 다음 학년으로 진급을 할 수가 없습니다. 따라서 이러한 아이를 '정원 외 관리'로 처리합니다.

다만 불법이 아닌 경우도 있습니다. 예체능 특기생으로 추천을 받아 유학을 가는 경우나 외국학교의 장학생으로 선발되어 국제교육진흥원장의 추천을 받아 유학을 가는 경우, 이민이나 파견 근무 등 전 가족이 외국으로 출국해야 하는 경우 등입니다. 자세한 행정처리 사항은 반드시 해당 학교와 해당 교육청에 면밀히 알아봐야 합니다.

Q '학교폭력위원회'가 무엇인가요?

A "학폭위", '학폭위 신고' 등의 이야기를 많이 들어보셨을 텐데요. 학교폭력위원회는 해당 교육청에 설치되어 있는 '학교폭력대책심의위원회'가 정식명칭입니다. 학폭위에서는 '피해학생의 보호, 가해학생에 대한 선도 및 징계, 피해학생과 가해학생 사이의 분쟁조정' 등의 일을 합니다.

상해, 폭행, 감금, 강제적인 심부름, 성폭력, 협박, 약취유인, 따돌림, 강요, 명예훼손, 모욕, 공갈, 사이버따돌림 등의 일을 겪었을 때 학교폭력을 신고할 수 있습니다. 학교폭력이 신고되면, 자치위원회에서 사안을 조사합니다. 그 이후에 학교에서 학교장 종결로 심의를 마칠 것인지, 교육청에 이관시켜 처리할지를 정하게 됩니다. 이 과정에서 모든 일은 비밀 누설 금지라는 큰 원칙의 적용을 받습니다. 이 책을 읽는 여러분의 자녀에게는 이와 같은 일에 연루되는 일이 없기를 바랍니다.

Q 무엇이든지 행동이 느린 아이는 어떻게 하면 좋을까요?

A 학교와 같은 단체 생활에서 시간 약속을 지키는 것은 중요합니다. 행동이 느린 것은 아이 특유의 성향이므로 괜찮지만, 시간 약속을 잘 지키지 않는 태도는 경계하는 것이 좋습니다. 행동이 느리더라도, 내가 맡은 일을 성실하고 책임감 있게 수행하려는 태도로 학교생활을 한다면, 행동이 느린 것은 큰 문제가 되지는 않습니다. 하지만 행동이 느려서, 교사가 같은 과제를 제시했을 때, 그 지시에 따르는 데에 시간이 많이 걸린다면 문제가 발생할 수도 있습니다. 다른 친구들이 과제에 집중해 있을 때, 아이는 가만히 아무 작업도 하지 않는 것처럼 보이기 때문이지요. 또 선생님들은 종종 아이들에게 시간제한을 주고 과제를 제시합니다. 그 시간 약속을 매번 지키지 못하는 친구는 믿음직한 인상을 주기 힘들겠지요. 신뢰도가 떨어질 수밖에 없답니다.

그러므로 행동이 느린 것을 걱정하지 마시고, 아이가 시간 약속을 잘 지키려는 태도를 갖출 수 있도록 지도해 주시는 것이 좋겠습니다. 가정에서 식사시간을 정확히 지킨다거나, 세수를 하고 잠옷을 갈아입는 시간을 잘 지키는 등 쉬운 시간 약속부터 명확히 잘 지키는 연습을 지도해 주시는 것이 좋습니다.

Q 저희 아이는 왼손잡이입니다. 왼손으로 글씨 쓰는 것을 교정해 주어야
할까요?

A 일단 학교에서 왼손으로 글씨 쓰는 것으로 인해 피해를 보거나 불이익을
얻는 경우는 없습니다. 따라서 억지로 교정해 줄 필요는 없지요. 요즘에
는 왼손잡이를 위한 왼손가위도 판매하기 때문에, 옛날처럼 왼손 사용으
로 인한 불편함이 덜하답니다. 아이가 편한 손을 이용해 글씨를 더 잘 쓸
수 있도록, 좀 더 가위질을 잘 할 수 있도록, 선을 똑바로 잘 그을 수 있
도록 도와주세요. 왼손잡이 아이들에게는 왼손 사용의 정교함을 키워주
는 것이 더 도움이 되리라 생각합니다..

부모의 손길이
닿은 아이는
다르다

아이가 학교에 있는 동안 부모의 따뜻한 손길을 느끼게 되면 아이들은 행복한 미소를 짓습니다. 자신이 항상 사랑받고 있다는 느낌을 받기 때문이지요. 부모가 자녀의 학교생활에 대해 지속적인 관심을 보여주면, 아이들은 학교생활 전반에서 안정감을 가지고 잘 적응합니다.

맞벌이 가정의 엄마는 아이에게 항상 미안한 마음을 가지곤 합니다. 아직 어린 아이를 홀로 학교에 보내게 되니 마음이 편할 리가 없겠지요. 또 주부인 엄마보다 아이에게 집중할 수 있는 시간이 적을 것입니다. 아직 학교의 일이나 담임선생님의 전달사항을

100% 이해하고 엄마에게 말하는 게 아니라서 혹시 아이가 중요한 것을 놓치거나 빠트릴 수도 있겠지요. 아이 입장에서도 엄마와 함께 학교에 오고, 함께 하교를 하는 다른 친구들의 모습을 보며 부러운 마음을 갖기도 합니다.

이 장에서는 비교적 간단하지만 아이에게 관심을 쏟고 있다는 걸 보여줄 수 있는 몇 가지 행동들을 소개합니다.

알림장 쪽지 쓰기

가족들이 어디론가 떠났다가 어스름이 깔릴 무렵이면 다시 모여드는 것, 그것도 행복이라고 느껴져요. 그리고 가족이 함께 있는 건 아주 짧은 만남이라고 여겨집니다. 그래서 가족이 함께 모여 있는 순간이면 이것이 바로 행복이라는 생각이 들지요. 그러한 즐거움을 학교에서도 전해주려고 아이들에게 편지를 썼던 거죠. 편지를 받는 아이들은 처음엔 저의 애틋한 마음을 흥미삼아 읽어가는 정도였지만 차츰차츰 '가족에게 나는 기쁜 존재가 되는구나' 하고 서로들 느끼는 것 같았어요.

_ 조양희, 『행복쪽지』 중에서

'도시락 편지'를 아시나요? 학교 급식이 없던 시절, 소설가 조양희 씨는 세 아이를 위해 도시락을 싸고, 도시락과 함께 매일 쪽지를 썼다고 합니다. 또 그것을 책으로 엮어서 출간하기도 하였죠.

알림장 쪽지도 도시락 편지와 비슷합니다. 요즘에는 학교에서 급식을 실시하기 때문에 도시락을 쌀 일이 없으니, 도시락 편지도 쓸 수가 없습니다. 대신 아이가 매일 펴보는 알림장에 작은 메모지를 붙여서 아이에게 사랑을 표현해 봅시다.

저는 매년 학부모총회가 열릴 때, 학부모들에게 꼭 이것을 알려줍니다. 엄마의 마음을 소리로 듣게 되면 잔소리로 여겨지고, 공기 중으로 흩어지고 마는데, 글자로 보게 되면 엄마의 진심이 보다 잘 전달이 된다고 말이죠.

예를 들어 받아쓰기 시험을 본 날에는 이런 쪽지를 남깁니다.

"사랑하는 딸아, 시험 잘 봤니? 100점이 아니어도 괜찮아. 엄마는 널 사랑한단다."

아이와 다툰 날에는 이렇게 진심을 표현하는 것도 좋겠지요.

"사랑하는 아들아, 어제 동생과 싸워서 엄마에게 혼이 났었지? 혼을 내는 엄마의 마음도 아팠단다. 엄마는 너를 많이 사랑해. 웃는 얼굴로 집에서 보자."

학교생활에 대한 내용을 적어주는 것도 좋은 방법입니다.

"사랑하는 아들아, 오늘 학교에서 즐겁게 공부했니? 친구들과는 사
이좋게 지냈지? 집에서 다시 만나자."

쪽지는 아이가 기억 속에서 자주 잊어버리는 내용을 다시 상기
시켜 주기도 합니다.

"수업 마치고 바로 후문으로 가렴. 태권도 학원 버스가 거기서 기다
리고 있으니 늦지 말고 가야 해."

가정통신문 수합 파일 만들기

학기 초에는 참으로 많은 유인물이 각 가정으로 배부가 됩니다.
CMS 이체통지서, 현장체험학습 참가신청서, 가정환경 조사서, 받
아쓰기 급수표 등 그 종류와 양이 대단하지요. 대부분 갱지라 불리
는 누런색 종이에 인쇄되며, 낱장으로 배부됩니다. 그래서 가정통

신문을 받는 과정에서 선풍기 바람에 날아가 분실되기도 하고, 여러 장이 한꺼번에 배부되는 날에는 짝의 것과 뒤섞이기도 합니다.

대부분의 아이들은 담임선생님에게서 가정통신문을 받으면 책가방에 넣습니다. 가지런히 넣는 아이들도 있고, 급한 마음에 아무렇게나 쑤셔 넣는 아이들도 있습니다. 가정통신문을 가방에 넣을 때에는 모두 넣은 것 같은데 막상 가정에 돌아와 부모에게 전달하려고 하면 찾지 못하는 경우도 많이 있습니다.

이런 경우를 막기 위해서 가정통신문을 수합하고 제출하는 파일을 만들면 좋습니다. A4 사이즈의 포켓 파일이 부피도 적게 차지하여 제격입니다. 선생님이 부모에게 보내는 편지, 또 부모가 선생님에게 보내는 편지를 담는다는 의미에서 '우체통'이라고 이름 붙여주면 아이들이 기억하기에 쉽습니다.

"내일 학교에 가자마자 우체통에 든 신청서 꺼내서 선생님께 드리렴."

"선생님께서 주시는 모든 것들을 우체통에 넣어오렴."

1학년 때부터 이것이 습관화되면 학교생활에 필요한 필수적인 정보를 그때그때 놓치지 않습니다. 가정통신문을 분실한 경우, 각 학교 홈페이지 게시판에 학교에서 발행하는 모든 가정통신문이 게

재되어 있으니 가정에서 인쇄하여 사용할 수도 있습니다.

또 가정통신문을 회수해야 하는 경우가 있습니다. 가정환경 조사서나 각종 신청서 등이 그 예입니다. 이것들은 각 가정에서 정보를 적은 뒤에 다시 담임선생님께 제출해야 하는 가정통신문입니다. 이를 정해진 기한 내에 제출하지 않으면 아이 한 명 때문에 보고를 하지 못하는 경우가 생깁니다. 아이가 다른 친구들은 모두 제출했는데 자신만 제출하지 않았다는 것을 알면, 괜히 선생님에게 죄송한 마음이 들기도 하니 가급적 가정통신문을 우체통에 넣어 기한 내에 제출할 수 있도록 꼭 챙겨줍니다.

 가정통신문을 분실했을 경우 ....

학기 초, 학기 말에는 하루에도 대여섯 장의 많은 가정통신문이 아이들에게 배부됩니다. 1학년에 갓 입학한 아이들의 눈에는 모두 같은 내용의 가정통신문인 것처럼 보이기 때문에, 가정통신문을 받지 못한 사실을 아이가 모를 수도 있고, 가정에서도 분실하는 경우도 자주 발생하곤 합니다. 각 학교 홈페이지에 접속하면, 학교에서 발행된 모든 종류의 가정통신문을 열람, 인쇄할 수 있습니다. 물론 회원가입을 한 후, 로그인을 해야 합니다. 학교에 따라 회원가입을 한 후, 담임교사의 인증을 거쳐야지 열람이 가능한 곳도 있으므로, 입학하자마자 학교 홈페이지에 회원가입 하는 것을 추천합니다.

....

아침밥 먹여 보내기

아침식사는 꼭 해야 합니다. 아이가 먹기 싫어해도 조금이라도 꼭 먹이는 습관을 들이도록 합니다. 밥이 싫다면 밥을 대신할 수 있는 음식을 먹여서라도 학교에 보내는 것이 좋습니다.

아침식사는 아이들의 두뇌활동에 영향을 줍니다. 두뇌가 활발히 활동하기 위해서는 당이 필요한데, 아침식사를 통해 이를 충분히 공급받을 수 있습니다. 아직 배워야 할 것이 많은 우리 아이들에게 아침식사는 당연히 필요하겠지요?

아침식사는 비만을 예방하기도 합니다. 하루의 첫 끼니를 아침이 아닌 점심에 시작하게 되면 폭식을 하게 됩니다. 폭식하는 버릇은 비만을 일으키는 주요 원인이 되지요. 허기가 져서 아이들은 학교에서 군것질거리를 찾기도 합니다. 아침식사는 성장기 어린이들의 균형 잡힌 영양 공급과도 관련이 있습니다. 한창 키가 클 나이인 성장기 때, 적절한 시간에 적절한 영양을 공급받는 것은 필수입니다.

아침식사를 반드시 해야 하는 가장 중요한 이유는 또 있습니다. 부모의 사랑을 표현할 수 있는 좋은 기회가 되기 때문입니다. 가족과 함께 아침식사를 하며 하루를 출발하면 바쁜 일상 속 가족 간에 대화도 나눌 수 있고, 이야기도 공유할 수 있습니다.

앞에서 언급했듯이 이 시간에는 절대 아이를 다그쳐서는 안 됩니다. 아침부터 엄마에게 혼이 난 아이가 기분 좋게 등교할 수는 없으니까요. 따뜻한 대화를 나누며 즐겁게 식사를 합시다. 아이에게도 또 엄마, 아빠에게도 아침식사로 인해 행복한 하루가 시작될 것입니다.

아침밥을 먹지 않고 등교한 아이들은 점심시간 전까지 배가 고프다며 연신 이야기를 합니다. 학교에서 제공되는 흰 우유도 부족한 듯 보이는 아이들을 마주할 때면 매우 안타깝습니다. 식욕이 해결되지 않았는데, 어떻게 아이들이 선생님의 말에 집중하며 공부를 할 수 있을까요?

우리 아이 체력, 면역력 챙기기

우리 아이들의 건강도 물론 중요합니다. 한 학기를 너끈히 버티기 위해서는 체력이 반드시 필요합니다. 평소 규칙적인 생활을 하는 것은 체력 확보의 가장 효과적인 방법입니다. 또 충분한 수면을 취할 수 있도록 반드시 아이들의 수면 시간 확보를 부탁드립니다.

코로나19는 종식되었지만 개인위생에 대한 관심은 여전히 높습니다. 아이들의 작은 증상 하나에도 등교를 하지 못하게 되는 상황이 일어날 수 있기 때문에, 아이들이 너끈한 체력을 기를 수 있으면 좋겠습니다. 수시로 미지근한 물을 마시게 하고, 외출 후에는 반드시 손을 씻는 습관을 들여야 합니다. 가벼운 감기 증상이 있을 때에는 몸을 따뜻하게 하는 것도 도움이 되겠지요. 아이들의 건강이 곧 재산입니다.

실내화 자주 빨아주기

실내화는 1~2주일에 한 번 깨끗이 빨아주어야 합니다. 빨아서 반짝반짝 윤이 나는 실내화는 마치 새것처럼 보이기도 하지요. 아이는 부모의 손길이 닿아 깨끗해진 실내화를 보면서 일주일의 출발을 산뜻하게 시작할 수 있습니다.

사소한 듯 보이지만, 이것으로 하여금 아이는 부모의 관심과 사랑을 느끼게 됩니다. 부모의 관심을 받고 있다는 느낌을 받으며 자란 아이는 상당히 안정적으로 학교생활에 적응합니다. 맞벌이 부부일수록 아이가 이러한 느낌을 갖도록 노력해야 합니다. 어느 곳에 있든지 엄마, 아빠가 듬직한 울타리가 되어줄 것이라는 생각은 아이를 독립적으로 생활하게 하는 강력한 힘이 됩니다.

아이 물건에 이름 써주기

입학을 하게 되면 아이에게는 많은 양의 학용품이 생깁니다. 내 물건의 소중함을 알고 아껴 쓰게 하려면, 아이의 물건에 이름표를 붙이면 됩니다. 요즘에는 아이 이름이 들어가는 이름표 라벨지를 직접 제작하여 판매하는 인터넷 사이트도 있습니다. 예쁜 글씨체와 아기자기한 캐릭터로 꾸며져 있어서 더욱 깔끔해 보이지요.

하지만 저는 아이들이 직접 견출지에 이름을 써서 붙이기를 권유합니다. 삐뚤빼뚤 결코 예쁘지 않은 글씨지만, 스스로 이름을 써서 학용품에 이름을 붙이면 아이가 학용품에 대해 더욱 애착을 가질 수 있습니다. 또 이름을 쓰는 습관을 들이기에도 좋습니다.

색연필과 사인펜, 크레파스는 자루마다 하나씩 이름을 붙이도록 하고, 외부 포장갑에도 이름을 붙이도록 합니다. 딱풀과 같은 경우, 뚜껑을 상당히 많이 분실합니다. 그러므로 뚜껑에도 이름을 붙이고, 딱풀 본체에도 이름을 붙이도록 합니다.

교과서에 이름을 기재하는 것은 기본 중의 기본인데 잘 지켜지지 않는 경우가 많습니다. 특히 2학기 교과서에 이름을 기재하지 않는 경우가 꽤 있지요. 아마도 새로운 시작을 준비하는 기분이 1학기 때보다 덜해서 그럴지 모릅니다. 교과서에는 이름을 기재하는 칸이 따로 마련되어 있으므로 눈에 잘 띄는 네임펜으로 학교 이름과 반, 번호, 이름을 기재하여 아이 스스로 소속감을 느낄 수 있도록 합니다.

예방접종 점검하기

초등학교 1학년이 되면서 아이들은 사회생활을 시작하게 됩니다. 따라서 건강했던 아이도 여러 단체 생활로 인해 바이러스에 감염되는 등 문제를 겪습니다. 또 이 시기는 유아기 때 필수로 예방접종했던 것들의 면역력이 약해질 때라 추가로 예방접종을 하는 등의 건강관리가 필수입니다. 그래서 교육부에서는 취학 아동을 대상으로 예방접종이 잘 이루어지고 있는지 확인하는 작업을 거칩니다.

예방접종 내역은 자녀의 아기수첩에 기록되어 있습니다. 예방접종 도우미 사이트(nip.kdca.go.kr)에 아기수첩에 기록되어 있는 내용과 동일하게 등록이 되어있는지를 확인해야 합니다. 만약 동일하게 내용이 기록되어 있다면, 학교에 별다른 제출서류를 낼 필요가 없습니다. 물론 아기수첩은 버리지 않고 소장하고 있어야 합니다.

만약 접종을 완료하여 아기수첩에는 기록이 남아있으나, 예방접종 도우미 사이트에는 등록되어 있지 않은 상태라면, 아기수첩을 들고 보건소에 가서 등록 요청을 하면, 수일 내로 등록이 완료됩니다.

접종은 완료하였으나 개인적인 사정으로 아기수첩을 분실하여 증명할 길이 없는 경우도 있습니다. 이럴 경우, 예방접종을 했던 병원에 가서 예방접종을 한 사실을 증명할 수 있는 서류를 떼달라고 하고, 이 서류를 가지고 보건소로 가면 됩니다.

아직 예방접종을 완료하지 않은 상태라면, 취학 전 빠트린 예방접종이 무엇인지 꼼꼼히 살펴보고, 예방접종을 완료합니다. 그런 뒤, 예방접종 도우미 사이트에 등록을 해달라고 요청합니다.

CHAPTER

7

우리 아이
유형을 알면
지도가 쉽다

학교는 하나의 큰 사회입니다. 그리고 그 큰 사회 속에 '1학년 ○반'이라는 작은 사회가 또 있습니다. 교사 역시 교실에서 작은 세상을 만납니다. 한 교실이라는 울타리 안에서 울고 웃는 우리 아이들, 한 명 한 명 모두 가치 있습니다. 각자 아이들이 각 가정에서 얼마나 소중한 존재인지를 잘 알기에 담임선생님은 단 한 명이라도 낙오되지 않도록 심혈을 기울여 학급을 운영합니다.

부모들은 학교에서의 자녀의 모습을 많이 궁금해합니다. 교사인 저 또한 아이가 유치원에서 어떤 모습으로 지낼지 항상 궁금하고 걱정됩니다. 학부모들도 저와 비슷한 마음이겠지요. 자녀가 학교에서 어떤 모습인지 일화를 이야기하면, 예상치 못한 자녀의 모습에 소스라치게 놀라는 엄마들도 많습니다.

아이들은 변화무쌍합니다. 가정에서의 모습이 곧 학교에서의 모습은 아닙니다. 그럼에도 누구보다 자녀를 잘 아는 사람 역시 부모겠지요. 따라서 부모는 자녀가 어떤 스타일로 학교생활에서 적응해나갈지 예측할 수 있어야 합니다. 그래야만 담임선생님의 말을 듣고 놀라는 일이 없습니다.

교실에는 상당히 많은 유형의 아이들이 있습니다. 이 장에서는 교실에서 만날 수 있는 아이들의 유형을 소개하려고 합니다. 소개되는 여러 유형 가운데 아이가 어떤 특정 유형에 속하기를 간절히 바랄지도 모릅니다. '이런 유형의 아이면 좋겠다.'라고 생각할지도 모르지요. 하지만 단언컨대 어떤 유형의 아이가 제일 좋고 가치 있다고 평가를 내릴 수 있는 사람은 아무도 없습니다. 모든 유형의 아이들은 각자 장점을 가지고 있고, 반대로 조심해야 할 점도 있습니다. 자만할 필요도, 조바심 낼 필요도 전혀 없습니다.

다만 우리 아이가 어떤 유형인지 가늠해 보고, 그에 따른 적절한 교육으로 대응할 수 있도록 준비하는 것은 부모와 교사가 해야 할 역할입니다. 아이는 A 유형인데, 부모와 교사가 B 유형의 잣대에 아이를 끼워 맞추려고 하고 다그치면 아이와는 어긋날 수밖에 없습니다. 또 그러한 가르침은 A 유형의 아이에겐 일방통행과 같은 교육이 될 뿐입니다.

한 가지 더 강조하고 싶은 것은 어른과 마찬가지로 아이들도 어느 한 가지의 성격만 가지고 있지는 않습니다. 여러 유형에 동시에 해당되는 아이들도 있습니다. 이 점을 고려하여 아이의 유형을 예측해야 합니다. 엄마 혼자의 생각으로 아이 유형을 예상하는 것보다 유치원이나 학교에서는 어떤지 자녀와 함께 대화를 나눠보면서 예측해 보는 것이 좋습니다.

교실에서 볼 수 있는 남자 유형

보통 아들 키우기가 딸 키우기보다 훨씬 어렵다고들 합니다. 엄마와 아들은 기본적으로 동성이 아닌 이성이기 때문에 서로의 말과 행동이 이해가 되지 않는 경우가 더러 있습니다.

교실에서도 남자아이들과 여자아이들의 모습은 많이 다릅니다. 남자아이들은 한 자리에 앉아 집중할 수 있는 시간도 짧고, 행동이 여자아이들보다 더 거칠기도 합니다. 또 어떤 상황에 공감하는 능력이 여자아이보다 떨어지지요.

은지   (엉엉 울며) 선생님, 민수가요. 제 크레파스를 부러뜨려 놓고는 미안하다고 사과도 안 해요.

교사 울지 말고 일단 민수를 데려와서 이야기를 한번 들어보자. 민
　　　수야, 어떻게 된 일이야? 네가 친구 크레파스를 부러뜨리고
　　　서 미안하다고 사과를 안 해서 친구가 너무 속이 상한 것 같
　　　은데….

민수 아, 그랬나? 내가 부러뜨렸나? 기억이 잘 안나요. 어쨌거나
　　　미안해.

이런 상황은 교실에서 자주 일어납니다. 여자아이는 남자아이의
행동 때문에 너무 속이 상하는데 남자아이는 자신의 행동조차 기
억하지 못하는 것이죠. 행동을 전혀 기억하지 못하니, 크게 꾸중하
기도 애매한 상황이 됩니다.

남자아이에는 여러 유형이 있지만, 중요한 것은 아들이 '매너 있
는 남자'가 될 수 있도록 양육해야 한다는 점입니다. 저 또한 교실
에서 남자아이들에게 '매너남'이 되어야 한다고 강조합니다. 한 번
더 생각하고, 한 번 더 조심하고, 한 번 더 배려하는 습관을 기를
수 있도록 도와야 하지요. 교실에서 볼 수 있는 남자아이 유형을
소개해 봅니다.

노는 게 세상에서 제일 좋은 천진난만형

런닝맨 놀이를 할 생각에 한껏 들뜬 남자아이입니다.

"얘들아! 우리 점심시간에 런닝맨 놀이하자. 내가 먼저 밥 먹고 나가 서 철봉에 있을 테니까, 런닝맨 놀이 할 사람은 철봉으로 모여. 알았 지? 나는 먼저 나가서 운동장에서 달리기하고 있을게. 선생님, 저는 요. 학교 오는 게 너무 재밌어요. 런닝맨 놀이도 할 수 있잖아요~ 빨 리 밥 먹고 나가서 놀아야지."

1학년 남자아이들의 대부분이 이러합니다. 이 순간 무엇이 제일 하고 싶으냐는 물음에 그저 뛰어 놀고 싶다고 말하니까요. 1시간 내내 뛰기만 하고 싶답니다. 학교 오는 것이 즐겁냐고 교사가 묻지 도 않았는데, 학교 오는 즐거움을 주체하지 못해서 먼저 선생님에 게 말하는 아이들이지요.

사교성이 좋아서 친구에 대한 편견이 없고 스스럼없이 친구를 잘 사귑니다. 속상한 감정을 마음속에 담아놓는 성격이 아니기 때 문에 친구가 자신에게 잘못을 하거나 실수를 하여 속이 상해도 금 방 잊어버리고 몸으로 부대끼며 놉니다.

민수   뚜쉬! 뚜쉬! 피유~~~융! 달나라로 출발하자!

교사	민수야, 뭐하니? 무엇을 하길래 그런 재미있는 소리를 내는 거야?
민수	아, 지금 애가 달나라로 출발하는 걸 그리는 거예요. 애가요~ 달나라에 가서요. 지구를 내려다볼 거예요. 잘했죠?

종이 한 장만 있어도 자신의 머릿속에 있는 것을 그림으로 잘 표현해 내고, 입으로는 효과음까지 내면서 이 상황 속에 흠뻑 잘 빠지기도 합니다. 이 아이들은 별다른 장난감이나 교구가 없어도 스스로 자신이 하고 싶은 활동을 찾아서 잘 놉니다.

매사에 의욕적이기 때문에 수업시간에도 참여를 잘합니다. 동기 유발만 잘 시키면 아이를 수업으로 끌어들이는 데에 크게 어려움이 없습니다. 또 이 아이들은 자신의 생각을 이야기하고 발표하는 것을 즐기지요. 하고 싶은 말도 너무 많아서 다음과 같은 상황처럼 종종 실수를 합니다.

교사	자, 여러분 추석 잘 보냈나요? 추석에 어떤 음식을 먹었는지 생각해서 발표해 볼까요?
민수	선생님, 저요! 선생님, 저는 지난번에요. 엄마가 피자 사줬었어요. 엄청 맛있었어요.
교사	민수야~ 추석에 먹은 음식을 발표하는 건데…, 다시 한번 생

각해 보고 발표해 보자.

민수   아~ 추석 때요? 저 용돈 받았어요.

뛰어 놀기를 즐기는 천진난만형 아이들은 매사 의욕적이긴 하지만, 한자리에 오래 앉아 있는 것을 어려워합니다. 학습이나 과제를 시키면 잘하지만, 스스로는 하지 않으려는 경우도 많지요. 따라서 계획을 세워서 계획대로 과제를 수행할 수 있도록 부모가 관심을 가져주는 관리가 필요합니다. 부모나 교사가 지속적으로 학습을 시키면, 의욕이 없는 아이가 아니므로 학업 성취도 충분히 높아집니다.

똑똑박사, 똘똘이 스머프형

독서량이 상당합니다. 독서시간에 이런 아이들을 보면 눈에서 레이저가 나갈듯이 책을 읽습니다. 책을 볼 때의 집중력은 가히 대단하지요. 책을 많이 읽으니 자연스럽게 어휘력과 문장력이 또래보다 뛰어납니다. 남자임에도 불구하고 문장력이 뛰어나 편지와 일기를 아주 잘 씁니다.

교사   여러분, '과'가 들어가는 낱말에는 뭐가 있을까요?

아이   사과요!

아이2	과자요!
민수	'과감하다' 할 때 '과'가 들어가고요. '모과'라는 과일에도 '과'가 들어가요. 대학교 '로봇공학과' 할 때에도 '과'가 들어가요.

다른 아이들이 눈으로 확인 가능한 명사들 중에서 '과'가 들어가는 낱말을 찾는다면, 이 유형의 아이들은 어휘력이 뛰어나서 추상적인 낱말도 떠올릴 수 있습니다.

책 읽는 즐거움을 알기 때문에 호기심도 왕성한 편입니다. 그래서 선생님에게 질문을 많이 합니다.

교사	자, 이제 선생님이 닭싸움을 잘하는 방법에 대해서 알려줬으니까, 실제로 닭싸움을 한번 해봅시다.
아이들	와~ 신난다! 빨리 해요.
민수	(손을 번쩍 들며) 선생님, 질문 있어요. 편을 어떻게 짜나요?
교사	민수가 좋은 질문을 했네요. 편은 가위바위보를 해서 정할 거예요.
민수	(손을 번쩍 들며) 선생님, 닭싸움을 하다가 발이 땅에 닿으면 그 자리에 앉아 있나요? 아니면 밖으로 나가나요?
교사	밖으로 나가면 됩니다.
민수	(손을 번쩍 들며) 선생님, 또 질문 있어요! 공격 안 하고 도망만

치면서 수비만 해도 되나요?

교사   네, 자기 마음대로 하는 겁니다.

이 유형의 아이들은 이렇게 상황을 분석적으로 판단하려고 합니다. 천진난만형의 남자아이들이 설명도 듣기 전에 닭싸움을 하고 싶어 마음이 들뜬다면, 이 똘똘이 스머프형의 아이들은 자신이 실수를 하지 않도록 상황을 분석하고 판단합니다. 그래서 전략적으로 게임에 참여하려는 모습을 보이지요. '어떻게 하는 건지 모르겠다. 일단 해보자.'라는 생각은 별로 가지고 있지 않습니다.

따라서 자신 있는 분야에는 뛰어난 참여 욕구를 보이지만 그렇지 않은 분야라면 지나치게 신중하고 조심스러운 모습을 보이기도 합니다. 책으로 얻은 배경지식을 뽐내는 것에는 의욕적이지만, 자신이 잘 모르는 분야에는 자신감을 잃어버립니다.

이 아이들의 또 다른 특징은 틀린 답을 말하는 것을 싫어한다는 점입니다. 정확한 답을 모를 때는 발표를 하지 않으려고 할 뿐 아니라, 다른 친구가 틀린 대답을 하면 그 답이 틀렸다고 지적도 많이 하지요. 이로 인해 친구들과 트러블이 종종 생기기도 합니다.

책을 읽는 것은 아주 큰 재산이 되지만, 책을 읽는 것에서 그치지 않고 이를 잘 표현할 수 있도록 부모와 교사가 도와주어야 합니다. 또 지식은 책을 통해서도 얻을 수 있지만, 경험으로 얻어지는 지식도 많기 때문에 여러 경험을 할 수 있도록 부모가 기회를 제공해주는 것도 좋습니다.

깨알 같은 웃음 담당, 개그맨형

이 아이들은 다른 사람 앞에서 무엇을 하든지 어떠한 거리낌도 없습니다. A4 용지 한 장만 있어도 그 종이 위에 서서 무대를 만들고 노래도 마음껏 부를 수 있습니다.

민수   선생님, 이거 못 접겠어요. 어떻게 하는 건지 모르겠어요.

교사   민수야, 선생님이 반대로 접으라고 했는데, 이걸 이렇게 접으면 어떡해요.

민수   아잉~ 선생님~ 도와주세요~ 제가 강남스타일 춤 춰드릴게요~ 오빠, 강남스타일!

무반주로 노래하고 춤을 추는 아이의 능청스러움에 교사는 이내 웃을 수밖에 없습니다. 이런 유형의 아이들은 위트와 재치가 넘칩니다. 얼굴에는 항상 웃음기가 가득하지요. 심지어 선생님께 꾸중을 듣는 순간에도 아이는 엷은 미소를 띠고 있습니다. 보는 사람도 절로 웃음 짓게 하는 치명적인 매력을 지녔다고 할 수 있지요.

이 아이들의 장점은 긍정적인 사고를 한다는 것입니다. 무엇이든 도전하려 하지요. 설사 실패한다고 해도 이 아이들은 타고난 긍정의 힘으로 웃어넘기고 다시 도전합니다. 상황 판단이 빨라서 순발력도 아주 뛰어납니다. 선생님의 표정을 보고 어떤 기분인지 빠르게 파악하기도 합니다. 그래서 이 유형의 아이들 대부분은 훌륭한 리더십을 가지고 있습니다.

교사	자, 1학년 4반 친구들, 수학책 54쪽을 펴세요.
민수	잠깐만요~ 사물함에서 수학책 꺼내고 오실게요.
아이들	꺄르르~ 선생님, 민수는 개그맨 흉내 진짜 잘 내요. 완전 똑같아요!

타고난 감각으로 개그맨 흉내도 잘 냅니다. 몸으로 표현하는 것을 좋아해서 개구리, 코끼리 등 눈에 보이는 동물이나 사물의 모습뿐만 아니라 꽃이 피어나는 모습, 아지랑이가 피어오르는 모습 등 눈에 보이지 않는 추상적인 개념이나 느낌도 기발하게 표현합니다.

워낙 재미있는 것만 추구하는 아이들이므로 자칫 재미있어야 할 상황과 없어야 할 상황을 구분하지 못하여 실수하기도 합니다. 따라서 부모와 교사는 때와 장소를 구분할 수 있도록 아이의 판단을 도와주는 게 중요합니다.

이 유형의 아이들은 긍정의 힘을 발휘할 때 능력이 최대가 됩니다. 따라서 아이가 어떤 과제를 잘 수행하지 못한다고 해서 아이를 심하게 야단쳐 주눅 들게 하거나, 아이의 자존감을 심하게 건드리는 것은 바람직하지 않으며, 별로 효과도 없습니다.

칭찬의 힘이 가장 효과가 큰 아이들도 이 유형의 아이들입니다. 모든 아이들이 그렇지만, 특히 이 유형의 아이들은 칭찬을 많이 해주었을 때 더 많이 성장하는 모습을 보인다는 것을 명심해야 합니다.

패배란 없는 승부욕 넘치는 무한 체력형

1~2학년 아이들은 대부분 담임선생님에게 인정받고 싶은 욕구를 가지고 있습니다. 선생님의 칭찬 한 마디에 하루 종일 싱글벙글하고, 집에 가서도 선생님에게 칭찬받은 스토리를 무용담처럼 늘어놓기도 하지요.

민수   선생님, 제가 잘했어요? 지호가 잘했어요?
교사   지호도 잘했고, 너도 잘했단다. 둘 다 잘했어.
민수   에이~ 그런 대답 말고요, 둘 중에 누가 좀 더 잘했냐고요.

하지만 이 유형의 아이들은 선생님의 칭찬도 물론 좋지만, 경쟁에서 지기 싫어하는 마음을 가지고 있습니다. 지기 싫어하는 마음은 이겨야 한다는 마음을 내포하기도 합니다. 이기기 위해서 끊임 없이 노력하는 아이들이 이 유형의 특징이라고 할 수 있지요.

기본적으로는 여자아이보다 남자아이들이 승부욕이 강합니다. 지는 것을 싫어하다 보니 승부가 걸려 있는 과제라면 정말 열심히 참여하지요. 경쟁을 좋아하는 아이들이기 때문에 경쟁에서 이길 수 있다는 자신감도 큽니다. 이겨야 한다는 목표의식이 누구보다 확실하기 때문에 그에 걸맞은 노력 또한 하는 편이지요.

대부분의 학급에서는 개인 보상 제도를 실시합니다. 개인 보상 제도란 일기를 쓰거나, 바르게 글씨를 쓰거나, 급식을 남김없이 다 먹는 등의 학급 규칙을 잘 지켰을 때에 상점을 주는 것입니다. 승 부욕으로 똘똘 뭉친 이 유형의 아이들은 상점을 많이 받기 위해서 규칙을 아주 잘 지킵니다. 라이벌 친구와의 신경전도 즐기지요. 특 히 이 아이들의 진가는 운동장에서 제일 크게 발휘됩니다. 승부가 걸려 있는 게임을 많이 하기 때문이지요.

교사   노랑팀과 빨간팀으로 나누어서 릴레이를 할 거예요.
민수   얘들아! 내가 마지막으로 뛸게. 너네는 바통 놓치지 말고, 뒤
       돌아보지도 말고 앞만 보고 무조건 달려. 알았어?

상대팀을 이겨야 하기 때문에, 이기기 위한 전략을 짜는 것도 수

준급입니다. 전형적인 운동선수의 모습이지요. 실제로 이 아이들에게 장래희망을 물어보면 대다수의 아이들이 야구선수, 축구선수 등 운동선수라고 대답합니다. 수준급으로 전략을 짜니, 실제로 지는 횟수보다 이기는 횟수가 더 많습니다. 자연스럽게 리더십을 갖게 되지요. 이 아이와 함께 했을 때 이기는 경우가 더 많으므로 전략이 부족한 친구들은 주위에 많이 모이게 됩니다. 그러니 당연히 인기가 좋을 수밖에 없습니다.

신체활동뿐만 아니라 학업에까지 승부를 발휘하면, 학업성적도 금방 향상됩니다. 타고난 근성으로 계획을 세워 공부하고, 자신이 모르는 것을 알 때까지 노력합니다. 자기주도적으로 공부하기에 가장 적합한 유형도 이 유형입니다. 목표가 확실하기 때문에 누가 시키지 않아도 자신이 주도적으로 나서서 공부할 수 있지요.

따라서 교사와 부모는 아이가 가지고 있는 승부의식을 한 분야에 집중되지 않도록 적절히 분산시켜 줄 필요가 있습니다. 김연아 선수처럼 어릴 적부터 한 가지에 집중하여 미래를 준비하는 것도 좋지만, 아직은 어린 1~2학년 아이들이므로 발전 가능성을 여러 군데로 열어주도록 합니다.

이 유형의 아이들에게는 과도한 승부의식으로 인한 단점도 있습니다. 승부에만 초점을 맞추어서 경쟁하다 보니, 과정보다 결과만 중시할 수 있지요. 따라서 열심히 노력하는 과정 속에서 얻는 즐거움도 있다는 사실을 생활 속에서 알려주어야 합니다.

> **민수** 야! 김지호! 너 때문에 졌잖아. 네가 넘어지지만 않았으면 우리 팀이 이겼다고. 아~ 짜증나.
>
> **지호** (울먹울먹) ….
>
> **아이들** 선생님, 민수가 지호 때문에 우리 팀이 졌다고 해서, 지호 울어요.
>
> **민수** 야! 내가 뭐 틀린 말했냐? 쟤가 넘어져서 진 건 맞잖아.

이렇게 승부와 결과에 집착한 나머지 다른 사람을 배려하지 않는 경우도 종종 생깁니다. 승부가 결정된 그 순간 경기 결과에 승복하지 못하고 울음으로 분통함을 표현하거나 패배의 주원인이 되는 친구에게 노골적으로 그 분한 마음을 표현합니다. 이럴 때 '우리 아이는 승부의식이 남달라서 그런 거야. 어쩔 수 없어.'라고 넘어가서는 안 됩니다. 학교란 적절한 사회성을 발휘할 수 있는 단체 활동의 장소이기 때문입니다. 아이에게 결과보다 과정이 중요할 때도 있고, 지금 이 잠깐의 승부보다 중요한 것이 이 세상에 많이 있음을 생활 속에서 때때로 알려주어야 합니다.

CHAPTER 7

귀여움을 독차지하는 아직 덜 자란 꼬마형

3월 2일, 교사는 입학식장에서 아이들을 기다립니다. 입학식 시간이 다가오자 아이들이 엄마, 아빠의 손에 이끌려 입학식장으로 하나둘씩 들어옵니다. 그야말로 고사리 같은 손이라는 말이 딱 어울리는 귀여움의 결정체들입니다.

담임선생님은 입학한 첫날이어서 가나다 이름 순서대로 아이들을 입학식장에 줄을 세웁니다. 줄을 세우고 아이들을 한 명씩 쳐다보면, 또래보다 유난히 키가 작은 아이들을 볼 수 있습니다. 바로 앞에 체격이 좋은 아이가 서 있기라도 하면 그 차이가 더욱 커 보이죠.

초등학교 1학년은 체격적인 차이가 많이 나는데 대부분 태어난 달과 연관됩니다. 그 아이의 생일이 1년 중에 전반기 1~6월에 해당하는지, 후반기 7~12월에 해당하는지 아이의 체격만으로도 어느 정도 예측이 가능하지요. 게다가 남자아이와 여자아이의 성향 차이도 있기 때문에, 생일이 늦으면서 성별이 남자인 아이의 부모는 많은 걱정을 안고 아이를 학교에 보냅니다.

하지만 생각보다 아이들은 나름대로 학교생활에 잘 적응합니다. 체격이 작고 왜소하다 할지라도 기본적인 학습 능력과 위기대처 능력을 가지고 있다면 1학년 학교생활에 무리 없이 적응할 수 있습니다. 또 작은 체격으로 인한 차이는 학년이 올라가면서 서서히 없어지기도 합니다.

만약 이 유형에 속하는 아이가 성격이 내성적이라면 다른 아이들보다 잘할 수 있는 분야를 한 가지 정도 찾아주도록 합니다. 이로 인해 생긴 자신감이 학교생활에 도움을 줄 것입니다.

도움이 필요할 때 나타나는 친절한 매너남형

남자아이들은 여자아이들보다 공감하는 능력이 부족한 편입니다. 친구가 아플 때 위로를 해주거나, 기분 좋을 때 함께 기뻐해 주는 방법, 친구가 속상해할 때 같이 속상해하고, 도움이 필요할 때 도와주는 방법 등을 잘 알지 못하거나 알고 있어도 실천하기 어려워합니다.

친절한 매너남 유형의 아이들은 다른 남자아이들과는 달리 친절함이 몸에 습관처럼 배어 있습니다. 도와달라고 하지 않았는데도 먼저 도와줄 뿐 아니라 그 도움의 대가를 바라지도 않습니다.

이런 아이들 주위에는 친구들이 많습니다. 남자아이, 여자아이 상관없이 두루 친구가 많지요. 특히 여자아이들에게 두터운 신망의 대상이기도 합니다. 짓궂은 장난을 좋아하는 남자아이들과는 달리 앉아서 이야기하는 것을 좋아합니다. 남의 이야기에 귀를 기울이고 그것에 적당한 호응을 보내는 아주 중요한 능력을 가지고 있지요.

교사	민수야. 집에 안 가고 뭐하고 있어요? 엄마가 기다리지 않을
	까요?
민수	선생님, 우리 반 친구들이 학급문고를 아무렇게나 꽂아놓아
	서요. 제가 다시 꽂고 집에 가야겠어요.

이러한 대가 없는 봉사활동도 서슴없이 할 수 있는 착한 심성을 가지고 있습니다. 친구와 다투는 일도 거의 없습니다. 다툴 만한 상황이 생기면, 일부러 져주려는 모습을 보이기도 합니다. 다투는 상황 자체를 싫어하고, 얼굴 붉힐 만한 일을 하는 것이 이 아이에 겐 못 견딜 정도로 무서운 일이지요. 선생님의 입장에서는 일부러 져주려는 아이의 모습이 너무 착하고 예쁘게 보이지만 부모 입장에서는 속상하기도 할 것입니다. 그래서 상담을 할 때 고민을 털어놓는 학부모들이 종종 있습니다.

"선생님, 우리 민수는요. 남자아이인데도 승부에 관심도 없고, 너무 양보만 하려는 것 같아서 사실 걱정이 좀 되는데 어쩌죠?"

하지만 이런 고운 심성은 요즘 남자아이들에게 반드시 필요한 덕목이므로 부모가 이를 자랑스럽게 여기고 칭찬해 주어야 합니다. 단 이러한 아이들 중 일부는 승부의식이 부족한 경우가 있으므로 이를 독려해 줄 필요는 있습니다.

> 교사 받아쓰기 시험 3번 문제 부를게요. '사과'.
>
> 지호 (혼잣말로) '사'는 썼는데, '과'를 어떻게 쓰더라?
>
> 민수 (들릴 듯 말 듯한 목소리로) 지호야, '기역' 먼저 쓰고 'ㅗ' 쓰고, 'ㅏ' 써봐.
>
> 교사 민수야, 이건 시험인데 친구한테 답을 알려주면 안 되지요. 그건 친구를 도와주는 게 아니에요.

친구를 도와주려는 마음이 강한 아이들은 이렇게 도와주면 안 되는 상황에서도 친구를 도와주려다 귀여운 실수를 범하곤 합니다. 하지만 학교 안에서 이런 상황을 겪다 보면 무엇이 진정 타인을 위하는 길인지 자연스럽게 배울 수 있습니다. 따라서 아이의 착한 심성으로 걱정할 일은 없습니다.

느긋하고 여유로운 거북이형

타고난 성품이 느긋하고 여유로운 남자아이들도 있습니다. 마음이 여유로워 무엇이든 쫓기는 것이 없고 편안합니다. 경쟁 상황에 있어도 그다지 경쟁을 즐기지 않고 승패에 관심이 적습니다. 따라서 친구 관계는 두루 좋습니다. 경쟁보다 양보를 즐기기 때문이지요.

작품을 하나 만들더라도 완성도와 퀄리티가 높은 편입니다. 하나를 하더라도 느긋하게 하되 제대로 하고자 하는 성격 때문입니다. 하지만 느긋하고 여유로운 성품이 잘못 발휘되면, 시간 안에 해결해야 할 과업을 해결하지 못하는 경우가 더러 생기기도 합니다. 때에 따라서는 남아서 과제를 해결한 뒤 집에 가야 하는 경우도 생깁니다. 이러한 모습은 시간을 정해놓고 계획을 세워 공부하고 노는 생활방식을 몸에 익히면 해결될 수 있습니다.

교실에서 볼 수 있는 여자 유형

남자아이들에 비해 여자아이들은 언어 능력이 뛰어납니다. 상황을 판단하여 조리 있게 설명하는 능력이 훌륭하지요. 남자아이들은 몸으로 부딪쳐서 지식을 습득하는 반면에, 여자아이들은 머릿속으로 상황을 상상하고 신중하게 유추하여 지식을 습득하는 편입니다. 여자아이들이 겁이 많아 보이는 것 또한 이런 성격 때문입니다. 교실에서 볼 수 있는 여자아이들의 모습을 유형별로 나누어 봅시다.

나서서 도와주는 맏언니형

어려움을 겪고 있는 친구를 보면 나서서 도와주는 언니, 누나 스타일의 아이들이 있습니다.

교사   진수야, 선생님처럼 색종이를 세모 반으로 접어보세요.

진수   으앙~ 잘 못하겠어요. 어떻게 하는 건지 모르겠어요.

은지   선생님, 제가 진수 종이접기 좀 도와줘도 돼요? 진수야, 내가
       해줄게. 걱정 마. 내가 하는 걸 잘 봐~ 여기를 이렇게 접어서
       뾰족하게 한 다음에~ 엄지손가락으로 여기를 누르고, 검지
       손가락으로 다림질하는 것처럼 여기를 납작하게 눌러야 예쁘
       게 되는 거야. 알겠지?

선생님보다 더 차근차근 설명을 잘하는 이런 아이들은 교사의 입장에서는 참 고맙습니다. 같은 아이들의 시각이라서 그런지 때로는 교사보다 더 친절하고 자세히 알려줄 때도 있지요.

손 조작 능력도 우수하고, 학업성적도 우수한 아이들이 많습니다. 시간을 잘 분배하여 관리할 수 있는 능력도 가지고 있습니다. 따라서 교사가 그림 그리기를 시키면, 이 아이들은 시계를 보고 몇 분까지는 밑그림을 그리고, 몇 분까지는 색칠을 하고, 몇 분까지는 바탕을 칠하고, 몇 분까지는 뒷정리를 할 것인지를 계획하여 정해

진 시간 안에 과제를 완성합니다.

또한 맏언니형 여자아이들은 책임감이 특출합니다. 어떤 일을 맡겨도 완벽에 가깝게 수행하기 때문에, 어떠한 심부름을 시켜도 안심이 됩니다. 모둠활동과 같은 협동이 필요한 과제를 시키면, 주도적으로 이끌며 역할을 분배하고 전체를 조율하지요. 다른 사람 돕기를 즐기기 때문에, 다른 아이들을 자신의 동생처럼 보듬어 주고 위로해 주며, 공감해 주는 역할을 맡습니다.

교사　민수랑 지호가 운동장에서 싸웠다는 게 무슨 소리예요? 민수가 한번 이야기해 볼래요?

민수　(억울한 듯) 아니 그게 아니라요~ 제가 딱지치기를 하고 있었는데, 아니, 아 그게… 갑자기 지호가 와서 모래를 뿌리고 도망갔어요.

지호　야! 내가 언제 그랬는데? 선생님, 전 안 그랬어요.

교사　민수야, 지호는 안 그랬다는데, 이게 어떻게 된 일일까?

민수　아, 몰라요. 아무튼 지호가 모래를 뿌렸다고요.

은지　선생님, 제가 아까 민수 옆에 있었는데요, 민수가 딱지치기를 하고 있었는데요. 지호가 뛰어왔어요. 그런데 너무 빨리 뛰어서 모래가 민수한테 튀겼는데요. 민수는 지호가 모래를 뿌렸다고 생각하는 것 같아요. 그런데 지호는 사과를 안 했거든

요. 제 생각에 지호가 모래를 일부러 뿌린 건 아니지만 사과
는 하는 게 좋을 것 같아요.

맏언니형 아이들의 또 다른 특징은 말을 조리 있게 잘한다는 것
입니다. 친구들이 상황을 정확하게 전달하지 못할 때, 있는 그대로
상황을 정리하여 전달해 주고, 해결책까지 제시해 주는 아이가 있
는데 바로 이런 유형입니다. 따라서 훌륭한 리더십을 가지고 있습
니다. 친구들을 잘 중재해 주고, 이해해 주니 교우관계도 좋습니다.

은지   선생님, 12번 문제가 잘못된 것 같아요.
교사   음, 그래요? 그럴 리가 없는데….
은지   정말이에요~ 12번 문제에서요. 답이 2개인 것 같아요.
교사   음, 정말 은지 말대로 문제가 좀 이상하군요?

다른 아이들은 문제가 이상하다는 생각은 했으나 고민만 하면서
끙끙대고 있을 때 맏언니형 여자아이는 손을 들고 선생님에게 이
야기를 합니다. 때로는 선생님의 실수까지 잡아내기도 하지요. 이
야기를 조리 있게 잘하니 자신의 생각을 선생님에게 잘 전달할 수
있습니다.
하지만 이 아이들은 행동이 민첩하여 자신이 해야 할 일을 다 해

야만 마음에 안정을 찾습니다. 그렇지 않으면 안절부절못합니다. 또 다른 사람에게 도움을 주는 것에만 너무 익숙한 나머지, 타인에게 도움을 받는 것을 굉장히 자존심 상해하며 어색해하기도 합니다. 평소 교사와 부모에게 칭찬을 받는 횟수가 많다 보니, 가끔 꾸중을 들으면 다른 아이들보다 크게 상처를 입기도 하지요. 따라서 이 아이들에게 꾸중을 해야 할 때에는 그 말과 행동에 좀 더 신중할 필요가 있습니다.

다소곳하고 조용한 천생 여자형

몸가짐이 단정하고 흐트러짐이 없습니다. 선생님의 지도에 잘 따르며 자신이 할 일을 묵묵히 해내는 아이들입니다. 즉 소리 없이 강한 아이들이지요. 자신이 해낸 결과물을 다른 사람에게 크게 자랑하지도 않습니다. 그저 자신의 만족이 우선입니다.

깨끗한 것을 좋아해서 주위 환경도 깔끔하게 정리정돈합니다. 이 아이들의 책상 속과 사물함은 언제나 가지런히 정돈되어 있고, 틈날 때마다 물티슈를 뽑아서 책상을 닦기에 주위가 늘 깨끗합니다. 수업시간에 또랑또랑 맑은 눈빛으로 선생님을 쳐다보는 등 집중력도 뛰어납니다. 꾸중할 일이 별로 없는 아이들이지요.

성격이 까다롭거나 예민하지 않아서 자신에게 친구가 실수를 한다고 해도 크게 문제 삼지 않고 참고 넘어갑니다. 자신이 흘린 쓰레기가 아니라도 먼저 줍고, 본인이 잘못하지 않았더라도 미안하다고 말하는 착한 심성을 가지고 있습니다. 그래서 이 아이 주변에는 트러블이 상대적으로 적습니다. 장난치기를 좋아하는 일부 남자아이도 이 아이에게만큼은 장난을 잘 치지 않습니다. 이 아이에게 장난을 치거나 놀려도 반응이 그저 시큰둥한 탓에 재미가 없기 때문이지요.

이 아이들은 몸으로 부딪히며 노는 신체활동보다 자리에 앉아서 할 수 있는 놀이를 더 좋아합니다. 손 조작 능력이 우수하고, 글씨를 바르게 씁니다. 감각적인 미적 능력을 가지고 있어 미술 과목에 탁월한 재능을 보이기도 합니다.

은지　선생님.

교사　우리 은지, 선생님한테 할 말이라도 있니?

은지　이거 제가 종이접기로 만든 하트인데요. 선생님 드리려고요.

교사　와, 정말 예쁘구나~ 역시 우리 은지는 만들기를 정말 잘하는구나.

이 아이들은 참 귀여운 방법으로 이렇게 애정을 표시합니다. 다만 스스로 알아서 척척 문제를 해결해 나가기 때문에 교사의 관심을 상대적으로 덜 받을 수는 있습니다. 선생님의 손이 많이 필요한 아이들을 돌보느라 얌전히 알아서 하는 이 유형의 아이들에게는 돌봐줄 시간이 부족할 수밖에 없으니까요.

씩씩한 게 좋은 여장부형
여자아이답지 않게 씩씩하고 용감한 아이들도 있습니다.

민수 애들아, 바퀴벌레야. 여기 바퀴벌레 나타났어!

은지 어디 어디? 나도 좀 보자. (바퀴벌레를 보더니) 아야. 완전 귀엽
      잖아~ 뭐가 징그럽다고 그래?

민수 야, 너 여자 맞아?

은지 김민수! 여자면 바퀴벌레 무서워해야 한다는 법이라도 있나?
      참나.

대부분의 여자아이들이 눈을 가리고 도망가기 바쁠 때, 바퀴벌레를 중심으로 남자아이들이 몰려드는데 꼭 그 가운데에 홍일점이 있습니다. 누구보다 흥분한 눈빛으로 바퀴벌레가 귀엽다고 말하는 아이, 여자아이지만 여느 남자아이보다 더 용감하고 씩씩합니다.

이 유형의 아이들은 내재된 끼가 상당히 많습니다. 명석한 두뇌를 가진 경우도 많지요. 노래면 노래, 춤이면 춤, 만들기면 만들기, 그림이면 그림, 운동이면 운동, 못 하는 것이 없습니다. 적당히 분

위기만 만들어 주면 부끄러워하지 않고 당당히 앞에 나와 자신의 끼를 유감없이 발휘하지요.

잘하는 것이 많으니 무엇을 하고자 하는 의지도 매우 강합니다. 싫어하는 과목도 없이 모든 수업에 잘 참여하고 교사의 갑작스러운 질문에도 순발력 있게 생각하여 대답하지요.

은지   선생님, 이거 버리실 거예요? 저 이것 좀 주세요.

교사   이거 쓰레기인데, 이걸로 뭘 하려고 그러니?

은지   아, 이걸로 그냥 만들기 좀 해보려고요.

(잠시 후)

은지   선생님, 선생님이 버리신 이 상자에 빨대를 붙여서 기린을 만들었어요. 정말 귀엽죠?

이처럼 독특한 생각과 기발한 관찰력으로 창의력을 발휘하기 때문에 교사를 종종 감탄하게 만듭니다. 여러 방면에 끼가 많아서 발전 가능성도 높지요. 하지만 여느 여자아이들이 야무지게 자기관리를 하는 것과는 달리, 이 유형의 아이들은 자기관리하는 능력이 상대적으로 부족합니다. 보통의 여자아이들과 여러 분야에서 많이 비교를 당할 수 있습니다.

"또래 여자아이들은 책가방도 잘 챙기고 야무지게 자기 앞가림을 잘
하는데 너는 왜 그러니? 너도 좀 따라 해봐!"

이렇게 비교를 당하는 것은 이 유형의 아이들에게 큰 스트레스로
작용합니다. 윽박지르며 강요하기보다 하나씩 방법을 알려주고,
그대로 할 수 있도록 부모가 신경 써야 합니다. 이 아이들은 또래
여자아이들과 성향 자체가 다릅니다. 자기관리 능력이 몸에 익을
때까지 차근차근 알려줘야 합니다. 씩씩한 여장부형 아이들은 부모
가 좀 더 신경을 써야 고학년에 진학했을 때 어려움이 덜 합니다.

선생님 말씀은 곧 법인 순종형
선생님의 말을 곧 법으로 여기는 아이들입니다. 남자아이들 중
에도 선생님의 말을 곧 법으로 여기는 아이들이 많습니다.

"선생님, 오늘 알림장에 '손 자주 씻기'라고 써주시면 안 될까요? 제
말은 안 들어도 선생님 말씀은 정말 잘 듣거든요."

이렇게 제게 부탁하는 학부모들도 종종 있을 정도니까요. 선생
님의 말에 귀를 기울이고, 선생님의 눈을 항상 바라보고 있기 때문
에 이 아이들은 실수가 적습니다. 모든 아이들이 그렇긴 하지만 특

히 이 유형의 아이들은 칭찬에 민감합니다. 선생님에게 인정받고 싶은 마음 때문이지요.

하지만 학교에서 선생님 말에는 순종하면서 부모 말에는 순종하지 않는 아이들도 더러 있습니다. 부모의 칭찬이 인색하기 때문에 이러한 현상이 일어나는 것이 대부분입니다. 학교에서는 열심히 하는 아이의 모습에 칭찬을 해주지만, 가정에서는 아무리 열심히 해도 부모가 칭찬하지 않으니 아이들은 순종해야 할 이유도 느끼지 못하고, 보람도 잘 느끼지 못하는 것이죠. 가정에서도 칭찬을 자주 해주면 이 아이들은 더욱 발전하게 됩니다.

(횡단보도 앞에서)

은지 엄마, 횡단보도 오른쪽으로 와서 서. 빨리!

엄마 은지야, 그쪽엔 그늘도 없고 햇볕이 쨍쨍 비치는데 꼭 거기 가서 서야겠어? 여기 그늘이 훨씬 더 좋은 거야.

은지 엄마, 우리 선생님이 횡단보도 건널 때 오른쪽에서 서 있다가 건너야 차 사고를 당할 위험이 적다고 그랬단 말이야. 뭘 알지도 못하면서. 흥!

위의 상황은 교사의 말을 너무 순종적으로 받아들인 나머지, 융통성을 발휘하지 못하는 경우입니다. 이렇게 지나치게 교사의 말에 순종적인 아이들은 융통성이 없고 고지식한 성격일 수 있습니다. 선생님의 말이 곧 법이다 보니, 모든 상황에서 선생님의 말을 적용하는 것이지요. 부모님은 이러한 아이의 성격이 답답할 수도 있습니다. 이런 경우, 선생님 말씀을 귀담아 들어서 생활 속에서 적용하는 아이의 모습을 일단 충분히 칭찬해 줍니다.

"와~ 우리 은지는 선생님 말씀을 참 잘 듣는구나. 정말 훌륭한걸? 그럼 그늘에 서 있다가, 초록불로 바뀌면 그때 오른쪽으로 가서 건너자."

이런 식으로 적당히 조율하는 방법을 일러줍니다. 지식이란 그 자체로서 유용한 것이 아니라, 그 지식을 생활 속에서 적절히 적용할 때 유용하다는 것을 알려줘야 합니다.

늘 쑥스러운 부끄럼쟁이형

많은 여자아이들이 이 유형에 속합니다. 마음이 여려서 눈물이 많지만, 참 고운 심성을 가지고 있지요. 다음은 1학년 교실에서 생각보다 자주 일어나는 상황입니다.

교사   오늘은 자기소개를 해보겠습니다. 어제 선생님이 숙제로 내주었는데 많이 연습해 왔지요?

아이들 네!

교사 자, 누구부터 해볼까요? 은지가 해볼까요?

은지 (손사래를 치며) ….

교사 선생님이 발표하는 걸 도와줄 테니까, 한번 일어나 봅시다.
여러분, 우리 은지한테 용기를 내라고 파이팅 외쳐줍시다. 하
나, 둘, 셋!

아이들 파이팅!

은지 (울음을 터뜨리며) 싫…어…요.

아이들 선생님, 은지 또 울어요.

이 아이들은 여러 사람 앞에서 주목받는 것을 정말 싫어하기 때
문에 발표하는 것도 꺼려합니다. 발표하는 날이나 노래를 부르는
날로 예정되어 있는 날에는 등교하는 것 자체를 거부하기도 합니
다. 이 유형의 아이들은 다른 사람에게 피해가 되는 행동을 하는
법이 없습니다. 그리고 자기 할 일을 미루는 일도 없지요. 수업시
간에 떠들거나 장난치는 일 또한 없습니다.

너무 소극적인 나머지 말수도 적습니다. 교사가 먼저 말을 걸지
않는 한, 하루 종일 교사와 한 마디도 나누지 않고 하교할 때도 있
습니다. 자신의 생각이나 감정을 말로 표현하는 것을 꺼리기 때문

에 아이의 감정을 어른들이 모르고 지나치는 경우도 많을 수밖에 없습니다. 이로 인해 아이가 상처를 받는 경우도 생기므로 교사와 부모의 따뜻한 관심이 배로 요구되는 유형이지요.

이 유형의 아이를 둔 엄마는 아이의 사회성에 많은 고민을 할 수밖에 없습니다. 저 또한 아이의 사회성이 걱정될 만큼 극단적으로 소극적인 아이도 여럿 보았습니다. 중요한 해결책은 이런 아이들과 맞는 친구를 사귀게 해주는 것입니다. 부모 또는 교사가 이 아이와 비슷한 성향을 가진 친구를 사귀게 도와주면 됩니다. 의외로 반대의 성향과 짝을 하는 등의 경험이 아이에게 자극이 될 수도 있습니다.

발표하는 것에 스트레스를 많이 받다 보면 아이의 마음이 병들 수 있으므로 너무 강요하지 않는 것이 좋습니다. 단 발표 외에 자신을 알릴 수 있는 다른 방법을 찾아야 합니다. 발표와 같이 말로서 자신의 능력을 드러내는 방법도 있지만 그림 그리기와 만들기처럼 작품을 전시하여 자신을 드러낼 수 있는 방법도 있습니다. 자신이 주력하여 뽐낼 수 있는 특기 하나를 가지는 것은 소극적인 아이를 적극적인 아이로 만들어내는 데에 아주 중요합니다.

내성적인 성격 자체는 변하기 어렵지만, 내성적인 성격 정도의 차이는 변할 수 있습니다. 부모가 아이의 내성적인 성격을 받아들이지 못하고 불만으로만 여긴다면, 아이는 더욱 내성적인 성격의

골짜기 속으로 들어가 나오지 못하게 됩니다. 하지만 부모가 아이의 내성적인 성격을 있는 그대로 받아들이고, 그 속에서 하나씩 하나씩 아이 자신을 드러낼 수 있도록 도와준다면 내성적인 성격 자체는 변하지 않더라도 그 성격에 맞는 사회적응법을 배울 수는 있습니다.

하고 싶은 말이 너무 많은 수다쟁이형

재잘재잘 마치 아기 참새 같은 아이들이 있습니다. 어쩜 그리 하고 싶은 말들이 많은지 이 아이들의 가방 속에는 이야기보따리라도 있는 듯 보입니다.

> 은주　선생님~ 제가 다섯 살 때요~ 제가 바지에 오줌을 쌌는데요.
> 　　　 그때는 엄마한테 안 혼났어요. 지금은 만약에 바지에 오줌 싸
> 　　　 면 엄청 혼나겠죠?
> 민희　선생님, 선생님! 선생님 아기도 바지에 오줌 싸요?
> 은주　야, 당연하지~ 아직 아기잖아. 당연한 걸 물어보냐?
> 민희　선생님, 그런데요. 오늘 급식 반찬은 뭐가 나온대요? 선생님
> 　　　 은 알죠?

이 유형의 아이들은 자신의 생각과 감정을 모두 말로 표현해야

만 직성이 풀립니다. 하고 싶은 말을 못하게 하면 짜증을 내기도 하고, 말하고 싶은 답답함에 심지어 눈물을 글썽이기도 하지요.

그래서 교사, 부모를 비롯한 어른은 이 아이의 생각, 감정을 쉽게 파악할 수 있습니다. 아이가 상황에 따라 자신의 생각과 감정을 말로 즉시 표현할 수 있기 때문이지요. 문제 상황이 일어나 아이가 분노의 감정을 느끼더라도, 그 순간 부모가 그저 '공감'해 주기만 해도 아이는 어느새 기분이 풀려 있습니다.

위기상황에서 대처할 수 있는 능력도 훌륭합니다. 어린 나이임에도 불구하고 당황하지 않고 또박또박 자신의 상황을 이야기하며 도움을 청하곤 합니다. 두루뭉술하게 이야기하지 않고, 시간 순서에 따라 자세히 이야기할 수 있지요.

또한 이 유형의 아이들은 일명 '매의 눈'을 가지고 있습니다. 눈썰미가 있어서 교사나 친구의 작품을 보고, 금방 그 특징을 발견해 내거나 자신의 작품 속에서 그것을 발휘해 내기도 합니다. 하지만 그 눈썰미 때문에 친구의 잘못된 점도 잘 지적합니다.

은주   선생님, 지금 민수가요. 정민이 어깨를 치고 지나갔는데 정민이한테 미안하다고 말도 안 하고 지나갔어요.

민수   야, 이은주! 너한테 그런 것도 아닌데 네가 왜 신경 쓰는데? 왜 자꾸 나를 선생님한테 이르는 거야?

은주 야, 김민수! 그럼 너는 잘못된 걸 보고도 그냥 넘어가는 게 맞다고 생각하니? 당연히 선생님께 말씀드려야지!

이 유형의 아이들은 말싸움에서도 절대 밀리지 않습니다. 자신의 생각을 아주 적극적으로 표현합니다. 하지만 이것이 지나친 경우, 자칫 고자질쟁이로 낙인될 수 있으니 아이에게 주의를 주어야 합니다.

에필로그

안 예쁜 아이들이 없습니다

교사인 제게 주변에서 가장 많이 묻는 질문이랍니다.

"이제 곧 학교 보내야 하는데, 뭘 어떻게 해야 할지를 모르겠어요.
선생님 눈에는 어떤 아이가 제일 예뻐요?"

저는 이렇게 답합니다.

"안 예쁜 아이들이 없습니다."

그러면 믿지 못하는 사람이 대다수입니다. 공부도 잘하고, 고운 말만 쓰고, 인사도 잘하고, 친구들과 싸우지도 않고, 양보도 잘하고, 운동도 잘하고, 밥도 잘 먹는 아이들이 특히 더 예쁘지 않냐고요? 물론 예쁩니다. 너무 예쁘지요. 하지만 그렇지 않은 아이도 충분히 예쁩니다.

부족한 부분이 보였던 아이가 더 이상 부족하지 않게 되었을 때, 뾰족뾰족 모가 났던 아이가 둥글둥글 매만져졌을 때, 그 아이가 그렇게 사랑스러울 수 없습니다. 내가 이 아이에게 해왔던 그동안의 교육의 효과가 분명히 있었음을 느낄 때 교사는 그 아이가 예쁩니다. 그리고 정말 행복합니다. 이 느낌을 느끼고 싶어서 교사가 되었고, 이 느낌을 잊지 못해 계속 교사를 하고 있습니다.

선생님들은 이렇게 자신이 행복한 교사가 되기를 늘 소망합니다. 나로 인해 한 명의 아이가 어떤 분야에서든지 긍정적으로 변하기를 바라고 소망합니다. 그리고 그 소망이 머지않아 현실이 되는 것을 보면서, 교사라는 직업은 참으로 보람 있음을 느낍니다. 하지만 한편으로 나라는 교사 한 명이 한 아이에게 미칠 영향이 너무나 크다는 것을 잘 알고 있기에 부담스럽기도 합니다. 그러니 학교에 아이를 보내는 걱정스러운 엄마들은 그 마음을 어느 정도 놓아도 됩니다. 이렇게 선생님들도 아이를 위해 많이 고민하며 노력하고 있으니까요.

'우리 아이가 학교에 가면, 담임선생님에게 예쁨받을 수 있을까?'에 대해서 너무 고민하지 마세요. 위에서 말했듯이 잘하는 아이는 잘해서 예쁘고, 부족한 아이는 채워가려고 노력하는 그 모습이 예쁘니까요. 물론 아이가 잘 채워나갈 수 있도록 엄마가 옆에서 도와준다면 금상첨화겠지요. 게다가 우리 1학년 아이들은 '귀여움'이라는 무시무시한 아이템을 장착하고 있습니다. 이 아이템은 생각보다 강력해서 아이의 어떤 실수도 용납할 수 있을 정도입니다.

아마도 이 책을 읽는 많은 독자들은 모두 좋은 부모가 되기를 소망할 것입니다. 마치 선생님들이 좋은 선생님이 되기 위해 노력하는 것처럼 말이죠.

좋은 엄마가 되는 길은 아이에게 긍정적인 영향을 많이 주는 것입니다. 아이가 부족한 부분을 채워나갈 수 있도록 도와주는 엄마가 좋은 엄마입니다. 그 분야와 방식이 어떤 것인지는 각자의 소신과 판단에 달렸겠지요. 그 소신과 판단을 세우는 데에 이 책이 작은 도움이 되었으면 합니다. 그러면 저는 교사로서 또 하나의 행복을 얻을 수 있을 것 같습니다.

마지막으로 이 책을 쓸 수 있도록 많은 도움을 준 서울삼양초등학교 귀여운 1학년 아이들과 지금은 많이 자란 듬직한 제자들, 나의 영원한 멘토이자 동료교사인 남편과 예쁜 딸들, 물심양면 도와주시는 양가 부모님들께 감사 인사를 드립니다.

한 권으로 끝내는
초등학교 입학준비

초판   1쇄 발행 2014년 1월 10일
개정 10판 1쇄 발행 2024년 11월 21일

지은이 김수현
펴낸이 고병욱

기획편집2실장 김순란 **책임편집** 권민성 **기획편집** 김지수 조상희
마케팅 이일권 함석영 황혜리 복다은 **디자인** 공희 백은주
제작 김기창 **관리** 주동은 **총무** 노재경 송민진 서대원

펴낸곳 청림출판(주)
등록 제2023-000081호

본사 04799 서울시 성동구 아차산로17길 49 1010호 청림출판(주)
제2사옥 10881 경기도 파주시 회동길 173 청림아트스페이스
전화 02-546-4341 **팩스** 02-546-8053

홈페이지 www.chungrim.com **이메일** life@chungrim.com
인스타그램 @ch_daily_mom **블로그** blog.naver.com/chungrimlife
페이스북 www.facebook.com/chungrimlife

ISBN 979-11-93842-22-5 13590

ⓒ김수현, 2024